Die Metamorphische Methode

Gaston Saint-Pierre und Debbie Shapiro

Die Metamorphische Methode

Ryvellus
bei Neue Erde

Titel der Originalausgabe:
The Metamorphic Technique, Principles and Practice
Erschienen bei Element Books Ltd., Longmead, Shaftesbury, Dorset, England

Aus dem Englischen von Rotraut Mellin und Peter Sineokow

© Gaston Saint-Pierre und Debbie Shapiro (früher. Boater) 1982
© für die deutsche Ausgabe:
Neue Erde Verlag GmbH, Saarbrücken 2000.

14. Auflage 2004

Satz: Plejaden Publishing Service, Boltersen
Druck: Fuldaer Verlagsagentur, Fulda
Printed in Germany

ISBN 3-89060-435-8

Informationen über Workshops, Seminare und Ausbildungen
in der Metamorphosischen Methode beim
Neue Erde Verlag,
Cecilienstr. 29, D-66111 Saarbrücken
gegen 1,44 € in Briefmarken erhältlich.

Wenn sie Informationen über weitere Themen des Verlages
wünschen, beachten Sie bitte die letzten Seiten des Buches.

INHALT

Metamorphose 13

Geschichte 20

Das Praenatal-Muster 32

Entsprechungen 48

Einflüsse 66

Motivation 79

Erscheinungsformen von Wandlung 89

Patienten und Behandler 96

Die praktische Anwendung 104

Schlußfolgerungen 117

Anmerkungen 120

Fremdwort-Erklärungen 121

*Allen, die an dem großen Mysterium
der Umwandlung beteiligt sind*

DANKSAGUNG

Die Autoren bedanken sich besonders bei: Robert St. John, ohne den nichts von all dem hätte geschehen können; Barbara D'Arcy Thompson, June Whiting und Jenny Young; Michael Mann, der die geduldigste Hebamme war und alles ermöglicht hat – und schließlich, aber auf keinen Fall als letzte, all den Patienten, Schülern und Kollegen, die ihre Erkenntnisse, Entdeckungen, Freuden und Ängste mit uns teilen.

Danke.

Wir bedanken uns auch bei John Shane für die Erlaubnis, sein sehr besonderes „Lied vom Selbst-Heilen" wiedergeben zu dürfen.

Vorwort

„Die Metamorphische Methode" bietet eine ausgezeichnete Basis für die *Metamorphose* und ist allen eine Hilfe, die wirklich daran interessiert sind, tiefer in die praktische Anwendung dieser Methode und ihrer Grundlagen einzudringen. Es ist eine sehr aufregende Tatsache, daß die *Metamorphose* allmählich allgemein bekannt wird. Je mehr darüber geschrieben wird, desto besser.

Wir wissen aus der Vergangenheit, wie solche Arbeiten sich in verschiedene „Lehrsysteme" aufspalten können. Dies ist eines der Dinge, die ich in meinen Lehren und Schriften zu vermeiden versucht habe, und ich freue mich darüber, wie die Autoren die Grundlagen und Ziele dieser Arbeit beibehalten haben.

Die Autoren haben einen außerordentlich gut belegten Versuch unternommen, all das darzustellen, worum es in dieser Arbeit geht. Ich bin zuversichtlich, daß dieses Buch sehr vielen Interessierten den Weg eröffnen wird. Ich freue mich auf seine Veröffentlichung.

November 1981   *Robert St. John*

Lied vom Selbst-Heilen

*Mögen die heilenden Kräfte
von Sonne, Mond und Sternen
und den Planeten auf ihrer Bahn
 mich durchfließen,
 mich durchfließen.*

*Und wie ein Fluß
die Fülle der Regen
den Meeren zurückströmt,
möchte ich allen,
denen es mangelt,
das Wissen des Weges
rückeignen,
um in sich
die Einheit der Energie
zu verstehen,
die in allen Formen tanzt,
vom kleinsten Atom
zur größten Galaxie.*

*Und möge ich
im Aufbrechen einer Sekunde
das Entfalten von Unendlichkeit
in mir sehen
 und darin frei sein,
 und darin frei sein.*

*Möge die heilende
Kraft der Luft,
die alle atmen müssen,
unser Teilen zeigen,
unser Teilen zeigen,
und wie wir
mit jedem Atem
    Leben und Tod ausgleichen,
    Leben und Tod ausgleichen.*

*Möge die heilende
Kraft des Wassers
    mich wachsen lassen,
    mich wachsen lassen,
auf daß ich lerne,
loszulassen
und jeden Augenblick
im Fließen lebe.*

*Möge die heilende
Kraft der Erde
    mich neu gebären,
    mich neu gebären,
auf daß ich erkenne
den gleichen Wert
der vielen Formen
des Lebens,
und so in mir
den Kampf beende.*

*Möge die heilende
Kraft des Feuers
meines Herzens
wahres Verlangen
entfachen,
    mich höher treiben,
    mich höher treiben.*

*Möge die heilende
Kraft des Lichtes
meine Sehweise erhellen,
daß sich in mir
alle scheinbaren Gegensätze
vereinen,
und ich falsch und recht
überschreite,
weil ich Leben nicht mehr
in schwarz und weiß begreife.*

*Möge die heilende
Kraft des Tones
durch meine Stimme hindurch
zu allem fließen
und mein Ohr einstimmen
auf alles Hörbare,
auf daß mein Geist
klar werde
und ich
frei von Hoffnung und Furcht.*

In Stille ohne Mittelpunkt
möge ich
die heilende Gnade
licht strahlender Leere
als das Wesen
meines Geistes
erkennen,
und möge ich darin
alle einengenden Begriffe
von Geburt und Tod überwinden
und falsche Vorstellungen von Zeit
überschreiten.

Durch die heilende Kraft,
die dieses Lied herbeiruft,
möge ich
und alle Leidenden
jetzt wachsen in ihre Kraft,
und mögen alle Herzen
den Frieden erfahren,
den sie ersehnen.

JOHN SHANE 1978

METAMORPHOSE

Arzneimittel und Nahrung üben einen bestimmten chemischen Einfluß auf Blut und Gewebe aus. So lange man Nahrung zu sich nimmt, warum sollte man da verleugnen, daß Arzneimittel und andere materielle Hilfsmittel auch auf den Körper wirken? Sie sind so lange nützlich, wie das materielle Bewußtsein im Menschen vorherrscht. Sie haben allerdings ihre Grenzen, da sie von außen angewendet werden. Die besten Methoden sind solche, die der Lebensenergie helfen, ihre innere Heilungsarbeit wieder aufzunehmen.

Paramahansa Yogananda[1]

Während der letzten fünfzig Jahre hat der Mensch eine Explosion der Grenzen seines Verstandes und des Gebrauchs seiner Kraft erlebt, da Psychologie und Physik seinem Verständnis von Wirklichkeit riesige neue Einblicke eröffnet haben. Dies hat eine Unmenge an Information hervorgebracht, und je mehr verfügbar wird, desto mehr erweitert sich unser Verständnis für die Geheimnisse des Universums. Mit dieser Bewegung hat sich unsere Einstellung zu Medizin und Therapie erweitert und wir haben tiefere Einsicht in die Funktionszusammenhänge von Körper und Geist als einer Einheit gewonnen. Dies hat uns zu der Auffassung einer ganzheitlichen Medizin geführt, die erkennt, daß ein Mensch nicht als Sammlung von einzelnen Teilen, sondern als eine zusammenwirkende lebende Einheit behandelt werden sollte, und daß wir die Fähigkeit, uns selbst zu heilen, in uns tragen.

Eine dieser Erkenntnisse war die Metamorphische Methode, die dieser Fähigkeit zur Selbst-Heilung eine konkrete Form gibt und damit einen Gedanken in die Praxis umsetzt, der über Jahrhunderte hinweg immer wieder aufgetaucht ist. Dieser Gedanke scheint einfach und naheliegend, doch der begrenzte Verstand hatte Schwierigkeiten, ihn zu begreifen: Leben selbst ist der große Heiler.

Leben ist ein Faktor, der alles durchdringt und doch über alles hinausgeht. Es ist und handelt als eine Kraft in der Materie, und diese Kraft nennen wir die Lebenskraft. Leben ist Schöpfung und aus Schöpfung entsteht Bewegung; diese Bewegung ist Wandlung, und es ist die Lebenskraft, die diese Wandlung in den vielen unterschiedlichen Zyklen von Dasein trägt, sei es ein Baum, ein Planet oder ein menschliches Wesen. Kein Zustand kann je als immerwährend bezeichnet werden; wie langsam auch immer, fortwährend findet Bewegung statt. Die Metamorphische Methode betont, daß das Prinzip, um das es den Behandlern geht, noch über diese Lebenskraft hinaus einfach Leben ist.

Wir können Leben mit Wasser vergleichen, das die Form von Eis, Dampf, einem Fluß oder dem Meer haben kann. In all diesen verschiedenartigen Formen gibt es eine Kontinuität von Bewegung auf vielen verschiedenen Ebenen, wie molekular, atomar usw. In dem Fluß, der doch abwärts fließt, kann das Fließen durch Felsbrocken oder Äste behindert werden. Doch jenseits der Felsblöcke ist der Fluß, die Möglichkeit zur Wandlung unter den Blockierungen, immer vorhanden. So kann unsere eigene Bewegung und die Fähigkeit, uns zu verändern, blockiert werden, aber die volle Kraft des Lebens wartet sozusagen in den Flügeln, um uns zu einem Zustand größerer Freiheit hinzubewegen.

In der Natur wird aus der Eichel eine Eiche, und eine Raupe verwandelt sich in einen Schmetterling. Wir selbst tragen in uns die Möglichkeit, weit mehr zu tun und zu werden, als wir in der Gegenwart sind. Wir sind in die Begrenzungen von Materie hineingeboren, aber wir haben die Fähigkeit, innerhalb dieser Begrenzungen Freiheit zu erleben. Diese

Fähigkeit ist eine Eigenschaft der Lebenskraft. Innerer Wandel geschieht aufgrund der Lebenskraft, wozu nicht unbedingt ein äußerer Anstoß oder Eingriff notwendig ist. Auf der instinktiven Ebene haben alle Tiere, einschließlich des Menschen, die Kraft, sich selbst zu heilen. Wilde Tiere in Not fasten und ruhen, bis sie sich erholt haben, wie es ohne Zweifel der frühe Mensch tat, bevor er seine Verbindung mit diesem Instinkt verlor. Seit dieser Zeit haben sich die Verstandesfähigkeiten des Menschen gewaltig vergrößert, oft auf Kosten seiner Intuition. Obwohl die moderne medizinische Wissenschaft so viel erreicht hat, müssen wir uns der Tatsache bewußt bleiben, daß unsere Heilkräfte in uns sind.

Leben ist die Kraft, die heilt; der Gebrauch dieser Kraft zur Selbstheilung ist im Laufe der Zeitalter verkümmert. Jetzt braucht der Mensch einen Katalysator, um in Kontakt mit dieser Fähigkeit zu treten und sie wieder zu entdecken.

In der Metamorphischen Methode sind Behandler in derselben Weise Katalysatoren, wie die Erde einer ist. Ein Same fällt auf die Erde, und die Erde und die Elemente lockern einfach sein stoffliches Gefüge: Im Samenkorn ruht eine Kraft, die dadurch für das Wachstum frei wird. Wie die Erde, so lockert der Behandler ein Gefüge, eine Struktur im Patienten; wie die Erde ist er ein Katalysator, aber nicht für irgend etwas Bestimmtes. Es findet eine Begegnung zwischen der Erde und dem Samen statt, bei der von keiner Seite Bedürfnisse ausgedrückt werden oder ihre Erfüllung verlangt wird: In dieser Arbeit begegnen sich der Behandler und der Patient, und in ähnlicher Weise gibt es keine Erwartungen und keine Ansprüche. Der Zweck der Natur ist Fruchtbarkeit, und der letztendliche Zweck des Lebens ist es, sich auf jedweder Ebene immer auf das Höchste hin zu verwirklichen. Im Menschen gibt es dieselbe Kraft, die das Leben ist, und die angeborene Fähigkeit zu seiner vollen Verwirklichung als menschliches Wesen. Aber welcher Art ist das Gefüge, das zuerst gelockert werden muß?

In vielen Heil- und Therapieschulen herrscht der Glaube, der davon ausgeht, daß bewußtes Leben mit der Geburt beginnt – daß unsere gegenwärtigen Eigenschaften in der Kindheit geformt werden. Doch sobald eine Zelle entstanden ist, hat sie ein elementares Bewußtsein. Deshalb kann man sagen, daß Leben mit der Empfängnis beginnt, wenn die erste Zelle gebildet ist. Während der Reifezeit in der Gebärmutter, den neun Monaten zwischen Empfängnis und Geburt, festigen sich die Gefüge unseres Körpers, Verstandes, Gefühls und Verhaltens. Unser Leben nach der Geburt ist in dieser Praenatal-Phase, unserem Leben vor der Geburt, verwurzelt und wird von ihr beeinflußt. Es ist dieses Zeitgefüge, das es aufzulockern gilt.

Viele verschiedene Faktoren beeinflussen uns diese neun Monate hindurch: die Art, wie unsere Eltern sind, die kulturelle Welt und die Umgebung, in der sie leben, das entwicklungsgeschichtliche Stadium, das die Menschheit erreicht hat, wie auch nicht-materielle, kosmische Einflüsse. Sie alle formen und prägen die Muster unseres Lebens und verfestigen sich vorwiegend in dieser Zeit. Wir sind im innersten Wesen das Bewußtsein, das sich während des intra-uterinen Daseins als Ergebnis aller Einflüsse, die bei der Empfängnis gegenwärtig waren, entwickelt hat. Die Metamorphische Methode stellt diese neun Monate in den Brennpunkt. Während die Erde mit dem stofflichen Gefüge des Samenkorns arbeitet, lockert der Behandler als Katalysator ein abstraktes Gefüge, ein Zeit-Gefüge: das der Reifezeit in der Gebärmutter.

Es hat sich gezeigt, daß dieses Gefüge sich im Körper insbesondere an Teilen der Füße, der Hände und des Kopfes widerspiegelt; und diese formbildende Phase, jene neun Monate, kann durch diese Bereiche wieder in den Brennpunkt gerückt und gelockert werden. Der Behandler weiß, daß das Leben die notwendige Arbeit für den Patienten tut – die Arbeit der Wandlung. Aus diesem Grund wird die Methode nicht nur bei geistig oder körperlich Behinderten angewendet, sondern bei allen, denen persönliches Wachstum am Herzen liegt. Die Wandlungen ereignen sich durch unsere eigene Kraft, uns selbst zu heilen, uns wahrhaftig selbst zu erschaffen.

Daher ist einer der wichtigsten Aspekte bei der Metamorphischen Methode die Geisteshaltung des Behandlers. Sein Ziel ist es, mit der Lebenskraft zu arbeiten, ohne ihr seinen Willen aufzuerlegen oder sie in irgendeiner Weise zu lenken. Wenn er den Wunsch hat zu helfen oder versuchen will, Energie entweder zu seinen Patienten hin- oder von ihnen wegzuleiten, verweigert er ihrem eigenen Leben den Raum, in dem es wirken kann. Da wir nicht für einen anderen lächeln oder atmen können, wie können wir dann annehmen, fähig zu sein, ihn zu heilen? Um es noch einmal zu sagen, die Einstellung des Behandlers ist, sich selbst als Katalysator zu sehen und zu wissen, daß es die eigene Lebenskraft des Patienten ist, die tun wird, was richtig ist.

Das Wort *Metamorphose* mag im Zusammenhang mit inneren Wachstum und Heilung ungewöhnlich erscheinen, doch der Vorgang der Verwandlung einer Raupe in einen Schmetterling schließt genau das ein, was in uns stattfindet, wenn wir Muster seelischen oder körperlichen Un-Wohl-Seins hinter uns lassen und uns in neue Bereiche der Entwicklung begeben. Im Prozeß der Metamorphose werden tatsächlich die Zellen der Raupe in eine vollkommen andere Struktur umgewandelt, um als eine von der ursprünglichen grundlegend verschiedene Lebensform hervorzugehen. Das Programm für diese Umwandlung wurde bei der Raupe bereits im Augenblick ihrer Empfängnis festgelegt; es wurde in jede einzelne Zelle eingebaut und zu einem genau festgelegten Zeitpunkt reagierten alle Zellen auf diese Programmierung. Metamorphose ist der Wandlungsprozeß, der stattfindet, wenn das innere Programm sich selbst erfüllt und als Ergebnis davon eine neue Lebensform daraus hervorgeht. In uns gibt es ebenfalls ein inneres Programm, das im Augenblick unserer Empfängnis festgelegt wird, und nach dessen Vorgaben wir wachsen und uns entwickeln. Obwohl es so aussieht, daß unser Programm für uns nicht eine ähnlich grundlegende Umwandlung vorsieht wie bei der Raupe, tragen wir nichtsdestotrotz in uns die gleiche Fähigkeit zur Wandlung.

Die Arbeit der Metamorphose findet ihren Ausdruck in einer Wandlung unserer Seinsweise. Sie ist eine Bewegung von dem, der wir sind, zu dem, der wir sein können. Alte Muster müssen losgelassen werden, damit Freiheit erfahrbar wird, ebenso wie es notwendig ist zu erkennen, daß Krankheitszeichen, den Symptomen, lediglich Erscheinungen des Lebens, nur ein Teil und nicht das Ganze sind. Würde sich der Metamorphose-Behandler mit den Krankheitszeichen seiner Patienten befassen und versuchen, sie zu heilen, würde er nicht ganzheitlich arbeiten. Krankheitszeichen müssen für ihn unwichtig sein, so wie die Erde keine Rücksicht auf die Beulen oder Kratzer auf einer Eichel nimmt. Genausowenig wie wir Vollkommenheit messen können, sind wir in der Lage, Unvollkommenheit zu messen. Jeder von uns ist – auf der jeweiligen Ebene von Bewußtsein, die er erreicht hat – wie er sein soll; gleichzeitig arbeitet unsere Lebenskraft auf die Vervollkommnung unserer Möglichkeiten als menschliche Wesen hin. Niemand kann jemals wissen, was diese Vollkommenheit für einen anderen Menschen ist. Die Raupe ist vollkommen in ihrem Zustand als Raupe; wenn sie ein Schmetterling wird, hat sie eine weiteren Aspekt der Vollkommenheit erreicht.

Diese Haltung gegenüber den Krankheitszeichen ist ein wichtiger Unterschied zwischen der Metamorphischen Methode und Therapien, alternativer und herkömmlicher Medizin. Es ist die Lebenskraft des Patienten, die die Arbeit macht, nicht der Behandler. Die Kraft arbeitet in dem Patienten und kann verschiedene Umstände herbeiführen, um einen Zustand von Integration oder Ganzheit zu bewirken. Es ist zum Beispiel beobachtet worden, daß ein Patient sich anderen Behandlungsformen zuwenden kann, während die Metamorphische Methode in wöchentlichen Abständen angewendet wird, so wie die Wurzeln der Erde Nahrung entziehen, während es die Energie innerhalb des Samenkorns ist, die den Samen in eine Pflanze umwandelt.

Die Methode ist einfach zu erlernen. Es gibt keine Vorbehalte, warum irgend jemand sie nicht ausüben könnte. Sie kann von jedem bei jeder anderen Person angewendet werden. Zum Beispiel kann sie an einem geistig behinderten Kind angewendet werden, und dieses Kind kann sie an anderen anwenden. Sie ist jedem, unabhängig von Alter oder Gesundheitszustand, zugänglich sowohl als Behandlung, die man erhält wie auch als Anwendung an einem anderen. Dieses Buch zeigt das Modell, mit dem wir arbeiten: eine Anwendung, die einfach ist, weil sie eben unserer eigenen Lebenskraft erlaubt, für sich selbst zu arbeiten. Wenn die Lebenskraft sich selbst überlassen wird, bewegt sie sich natürlicherweise in Richtung auf eine Verwirklichung unseres Potentials als Menschen. Wir müssen lediglich unserer Muster gewahr werden und in dem Bewußtsein, daß sie von innen heraus umgewandelt werden können, zustimmen, sie zu belassen. Ein solches Bewußtsein und diese Bereitschaft, die Dinge zu belassen, bilden die höchste Handlung, die überhaupt möglich ist, einen Akt der Annahme und Liebe. Nicht die Behandler leisten die Arbeit der Wandlung, da sie nur Katalysatoren sind, sondern die Lebenskraft trägt dafür die Verantwortung. Dies ist offensichtlich, weil wir Leben sind, und Leben selbst ist der Heiler.

GESCHICHTE

*Mensch, tritt sanft auf die Erde.
Was wie Staub aussieht,
ist auch der Stoff,
aus dem Galaxien gemacht sind.*

EVELYN NOLTE[2]

Heutzutage wird behauptet, daß der Ursprung des Universums Schwingung oder Bewegung ist, Energiewellen, die zu Strahlung werden und zur Bildung von Materie führen. Die verschiedenen Längen dieser Wellen erzeugen die Symphonie der Sphären. Für die Menschen auf der Erde findet Bewegung einen deutlicheren Ausdruck. Wie es J. Bronowski beschreibt: „In einer dürren Landschaft Afrikas, wie in Omo, setzte der Mensch zuerst seinen Fuß auf die Erde... Vor zwei Millionen Jahren ging der erste Vorfahre des Menschen auf Füßen, die von denen des heutigen Menschen fast nicht zu unterscheiden sind. Tatsache ist, daß der Mensch, als er seinen Fuß auf die Erde setzte und aufrecht ging, eine Verpflichtung zu einer neuen Integration des Lebens... einging."[3] Dadurch, daß er aufrecht stand, begann der Mensch, sich von allen anderen Tieren zu unterscheiden, da er das Gleichgewicht zwischen Schwerkraft und Auftrieb fand.

Wenn wir einen Augenblick innehalten und einen Blick auf unsere Füße werfen, erscheinen sie uns körperlich ziemlich merkwürdig: empfindliche, zerbrechliche Gebilde, auf denen unser ganzes Gewicht ruht, die uns durch das Leben tragen und bewegen; und wir können noch heute in ihnen Muster aus der Vergangenheit widergespiegelt sehen, so zum Beispiel quadratische Füße mit kurzen Zehen, die von barfußgehenden Naturvölkern zeugen, oder lange, dünne Zehen wie die eines Affen, die dazu geschaffen sind, sich um einen Ast zu klammern. Unsere Füße können sich als getrennt, ohne Bezug zu unserem übrigen Körper anfühlen, und wir schenken ihnen nur selten viel Beachtung. Und doch gehen, laufen und bewegen wir uns jeden Tag unseres Lebens auf ihnen.

Vom Becken abwärts durch unsere Oberschenkel, Knie, Waden und Fußknöchel zu den Füßen wird unsere Fähigkeit zur Bewegung, sowohl im körperlichen als auch im psychologischen Sinn widergespiegelt. Unser Becken ist körperlich gesehen der Bereich von Geburt: Durch Aktivität, die sich hier abspielt, wird ein neues Leben ins Dasein geschleudert. Psychologisch können wir es als den Bereich betrachten, in dem wir uns selbst gebären, alte Muster und Abläufe loslassen und in neue Gebiete vordringen können. Diese Schöpfungsbewegung läuft hinunter in unsere Füße, die der am weitesten von uns entfernt liegende Ausdruck unserer selbst in der Welt sind; wenn wir gehen, sind es unsere Füße, die sich zuerst nach vorn bewegen. Bewegung ist wesentlich. „Am Anfang war das Wort..." und das Wort ist Klangwelle, Schwingung, Bewegung. Ohne Bewegung gibt es kein Leben, deshalb sind die Füße als Verlängerung des Bewegungszentrums im Körper ein Ausdruck dieser ursprünglichen Funktion des Universums. Im Tao Te King lesen wir: „Die Reise von tausend Meilen beginnt dort, wo deine Füße stehen."

Unsere Füße sind ein Abbild davon, wie wir in der Welt und wie ausgeglichen wir in uns selbst sind. Ein unbeweglicher, schwerer Fuß entspricht oft einer Starrheit im Menschen, einem strengen oder unbeugsamen Charakter; schwache, „unpersönliche" Füße deuten an, daß der Mensch innerlich schwach und schüchtern ist oder möglicherweise am Rande eines Zusammenbruchs steht. Füße, die in entgegengesetzte Richtung weisen, so daß der rechte einen anderen Weg einschlägt als der linke, können auf einen Menschen hindeuten, der über seine Richtung im Leben verwirrt ist, oder der sich des Lebensweges, den er einzuschlagen hat, nie sicher ist.

„Auf seinen eigenen Füßen stehen", „einen Fuß vor den anderen setzen", „beide Füße fest auf dem Boden haben" sind Redewendungen, die unser Verhältnis zur Wirklichkeit und zur Welt ausdrücken, ebenso wie „wissen, wo man steht" eine Bestätigung unserer Stellung im Leben ist.

Unsere Füße bilden unsere Basis, unser Fundament, auf dem wir unser Gleichgewicht finden, durch das wir getragen werden, und von dem aus wir nach oben streben. Wir reden davon, „verwurzelt" oder „verankert" zu sein – und von jemandem, der Bezug zur Wirklichkeit hat, sagen wir, er sei erdverbunden. Desgleichen sprechen wir davon, „entwurzelt" zu sein, wenn wir uns verloren vorkommen oder uns von unserer Vergangenheit, unserer Familie oder Heimat entfremdet oder getrennt fühlen. Die psychologische Verbindung zwischen Mutter und Erde drückt sich im Englischen aus, wenn es heißt, „a baby is rooting for the nipple", *(root = Wurzel)* zu deutsch: Ein Säugling sucht die Mutterbrust. Wenn wir über unsere Füße tiefergehend nachdenken, tritt ihre Bedeutung klarer hervor. Sie sind unsere Verbindung mit der Erde, unsere Brücke zwischen den höheren Bereichen und den weltlichen, körperlichen Bereichen unseres Seins. Bei allen spirituellen oder intellektuellen Höhenflügen, die wir unternehmen können, muß es einen Punkt geben, an dem unser höheres Verständnis von Leben geerdet und in die Wirklichkeit eingebracht wird. Unsere Füße symbolisieren diese Erdung; die Art, wie wir gehen oder stehen, wie wir uns im Gleichgewicht halten, weist darauf hin, wie wir in dieser Welt sind, zeigt den Weg an, den wir beschreiten, und die Richtung, in die wir uns bewegen; derart sind die Füße ein Abbild unseres ganzen Seins.

In einigen der größeren religiösen Ausdrucksformen ist das Wissen um die Füße als Bindeglied für uns sichtbar. Zum Beispiel finden wir in Bodhgaya in Indien, dem Ort, wo Buddha seine Erleuchtung erlangte, den „Juwelentempel des Wandelns" mit riesigen, in Stein gemeißelten Fußspuren und mit den „wunderbaren Lotusblüten, die aus dem Boden wuchsen, wo er wandelte". Es kann auch in der Tradition, einem Meister die Füße zu küssen, gesehen werden – eine Art des Schülers, sich sowohl in Demut zu üben als auch eine Form der Berührung und Ehrerbietung gegenüber dem Verständnis, das sich im Meister offenbart. Von Jesus wissen wir, daß er, als er die Füße seiner Jünger wusch, Petrus antwortete: „Was ich tue, verstehst du jetzt noch nicht, doch später wirst du es begreifen." Petrus entgegnete ihm: „Niemals sollst du mir die Füße waschen." Jesus erwiderte ihm: „Wenn ich dich nicht wasche, hast du keinen Anteil an mir." Da sagte Simon Petrus zu ihm: „Herr, dann nicht nur meine Füße, sondern auch die Hände und das Haupt."[4] Dies weist vielleicht darauf hin, daß wir erst dann in das Reich der Freiheit eintreten können, wenn wir von den Mustern der Vergangenheit reingewaschen sind. Swami Muktananda, ein indischer Lehrer, der vor ein paar Jahren starb, sagte: „Die Füße des Gurus sind wie ein Fundament, auf dem ein Bauwerk steht, aber sie sollten nicht mit bestimmten Gliedern des Körpers verwechselt werden. Wenn Jnanshwar sagt, ‚Ich verehrte die Füße des Gurus', bezieht er sich auf mehr als auf dessen irdischen Körper.... Wahre Verehrung der Füße des Gurus ist Gewahrsein der eigenen Identität mit dem Guru."[5] So schafft die Art, wie uns unsere Füße mit der Erde verbinden, auch diesen tieferen Symbolismus, den der Verkörperung unserer höheren Natur in Materie.

Wir haben die Wichtigkeit der Füße von verschiedenen Standpunkten aus gesehen. Doch wie wurde diese Bedeutung ursprünglich erkannt? Vor fünftausend Jahren haben die Chinesen beobachtet, daß es Körperteile gibt, die mit der Außenwelt in Verbindung treten, wobei der Charakter der Verbindung sich danach unterscheidet, durch welchen Körperteil sie hergestellt wird: Der Kopf ist durch die Sinne und das Gehirn der Kanal für die Verbindung mit den Himmeln; die Hände sind durch Berühren und kreativen Ausdruck unser Kanal für die Verbindung miteinander; die Brustwarzen durch Ernährung und Sinnlichkeit; der Anus nicht nur durch Entleerung, sondern auch durch Sinnlichkeit, insbesondere bei kleinen Kindern; die Geschlechtsorgane dadurch, daß sie neues Leben in sich tragen und durch Sinnlichkeit; und die Füße sind durch unsere Bewegung in der Welt unser Kanal für die

Verbindung mit der Erde. Als wir zum ersten Mal auf unseren Füßen standen, trat die Polarität von Himmel und Erde in Kraft, die in der chinesischen Philosophie durch die Energiekräfte von Yin und Yang symbolisiert wird. Ausgehend von dieser ersten Beobachtung entdeckten die Chinesen weiter, daß genau diese Bereiche den Körper widerspiegeln, daß jeder einzelne von ihnen einen Mikrokosmos darstellt, der den ganzen Körper spiegelt und ihn dadurch der äußeren Welt mitteilt.

Zu jener Zeit gründete sich die medizinische Betreuung unmittelbar auf das Verständnis vom Menschen als einer Ganzheit, nicht nur als einer Sammlung von Einzelteilen. Körper und Geist wurden als Einheit betrachtet, entsprechend wurde im Falle einer Krankheit diese als Krankheit des ganzen Menschen erkannt. Man glaubte, daß die alles verbindende Kraft Energie ist, in China als Ch'i bekannt, oder die Lebenskraft, wie wir sie bereits benannt haben. Krankheit wurde als Unausgeglichenheit oder Blockierung angesehen; aus irgendeinem Grunde war die Energie „gestaut". Aus diesem Grund war es das Ziel medizinischer Behandlung, diese Energieblockierungen wieder ins Gleichgewicht zu bringen oder freizusetzen, damit die Energie wieder fließen und die Krankheit heilen konnte. Man fand heraus, daß jeder Teil des Körpers auf einer der verschiedenen Energiebahnen liegt, die Meridiane genannt werden: Ein inneres Organ kann durch die Bearbeitung von Punkten entlang der Energiebahn beeinflußt werden, die mit ihm in Verbindung steht. Angewandte Methoden waren Akupunktur, wobei Nadeln gesetzt werden, um den Fluß der Energie anzuregen, Shiatsu, wo anstelle von Nadeln Druck angewendet wird und Massage.

Man nahm an, daß jedes Organ an anderen Stellen des Körpers Reflexpunkte hat, die mit dem Organ in Verbindung stehen. Einige der feinfühligsten Reflexpunkte befinden sich in den Füßen, den Händen und dem Kopf. Diese Auffassung von Medizin wurde zu Anfang dieses Jahrhunderts von einem amerikanischen Arzt, Dr. William Fitzgerald, erforscht und zur Zonentherapie entwickelt. Er teilte den Körper vom Kopf bis zu den Fingern und Zehen in zehn Zonen ein. Die durch diese

Zonen fließende Energie bewegt sich durch den Körper zu den Reflexpunkten in Händen und Füßen. Seine Arbeit wurde später von Eunice D. Ingram zur Reflexzonenbehandlung weiterentwickelt, einer Form von Druckmassage, die sich fast gänzlich auf die Füße konzentriert, was sich sehr wenig von der ursprünglichen chinesischen Herangehensweise unterscheidet.

Anhand der Schaubilder *(siehe Abbildung 1 und 2)* können wir sehen, wie alle verschiedenen Teile des Körpers an den Füßen ihren entsprechenden Platz haben. Sie sind wie ein Spiegel, wobei der rechte und der linke Fuß die rechte und die linke Körperseite widerspiegeln. Die Zehen spiegeln Kopf, Hirn, Augen, Nase, Mund und Nasennebenhöhlen. Die Sohlen spiegeln die inneren Organe, und die Knochenstruktur des Fußes spiegelt den Knochenbau des Körpers. Die Fersen spiegeln die Beckengegend einschließlich der Fortpflanzungs- und Ausscheidungsorgane. Die Wirbelsäule wird auf der Knochenkante an der Innenseite beider Füße, vom ersten Gelenk des großen Zehs bis hinunter zum Fersenbein widergespiegelt. Die oberen Ecken des Nagels am großen Zeh spiegeln die Zirbeldrüse und die unteren Ecken die Hirnanhangdrüse wider. Eine Linie, die über den Spann von unterhalb des inneren Fußknöchels bis unterhalb des äußeren Fußknöchels verläuft, zeigt die Reflexzone des Beckengürtels an. Es ist interessant zu bemerken, daß viele verschiedene Schaubilder angefertigt worden sind, die in der Darstellung der Reflexpunkte nur geringfügige Abweichungen aufweisen. Jedoch scheinen die Behandlungen zu wirken, gleich welches Schaubild benutzt wird. Daraus kann nur geschlossen werden, daß ein Großteil der Heilung durch Loslassen geschieht und es mehr die Anregung der Energie als die eines besonderen Punktes ist, die die Heilkraft aktiviert.

Die Reflexzonen-Massage zeigt uns, wie der Fuß den Körper widerspiegelt, und daß die Ergebnisse nicht durch Eingriffe in das Nerven- und Kreislaufsystem erreicht werden, da es keine direkten körperlichen Verbindungen zwischen den inneren Organen und den Füßen gibt. Sie legt uns daher die Annahme nahe, daß wir in der Lage sind, uns durch unser eigenes Energiesystem selbst zu heilen. Physiker erklären denselben Sachverhalt auf andere Weise: Innerhalb der erstaunlichen Verwobenheit des menschlichen Körpers ist jede Zelle ein Hologramm, das das Wissen jeder anderen Zelle und somit auch das des ganzen Wesens enthält.

Die Reflexzonen-Massage erfuhr durch Robert St. John eine Weiterentwicklung von großer Bedeutung. Im Verlaufe seiner langjährigen Erfahrung als Naturheilkundiger war er mit den üblichen Naturheilverfahren unzufrieden geworden, weil er zu der Erkenntnis gelangt war, daß wir uns unsere Belastungen, den Grund der Krankheiten, selbst schaffen. Er erkannte, daß es zwei grundlegende Muster gibt, die unser Leben beeinflussen: das *afferente* Muster, das sich nach innen bewegt und das

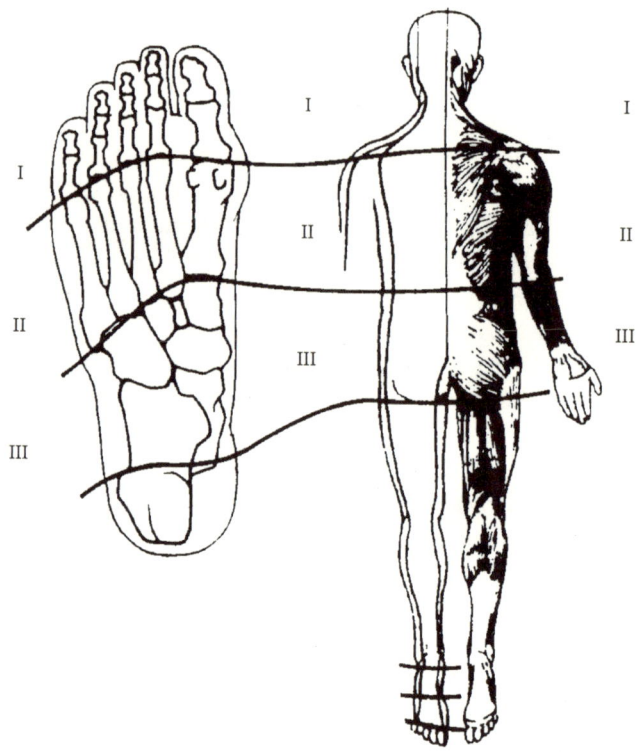

1 *Schaubild der Reflexzonen des Fußes in Beziehung zum Kprper*

efferente Muster, welches sich nach außen bewegt. Autistische Menschen, die dazu tendieren, sich vom Leben abzuwenden, und mongoloide Menschen, die hemmungslos das Leben ergreifen, sind dafür extreme Beispiele. Keine der gebräuchlichen Behandlungsmethoden hatte diesen Neigungen etwas entgegenzusetzen.

Diese Unzufriedenheit mit seiner Arbeit führte Robert St. John dazu, die Reflexzonen-Massage zu erforschen. Er fand heraus, daß die verschiedenen Methoden, die angewendet wurden, sich alle so sehr unterschieden, daß es ihm zu jener Zeit schien, daß eine oder mehrere falsch sein müßten und daß er am besten daran täte, den Dingen selbst auf den Grund zu gehen. Da die Natur der beste Lehrmeister ist, entwickelte

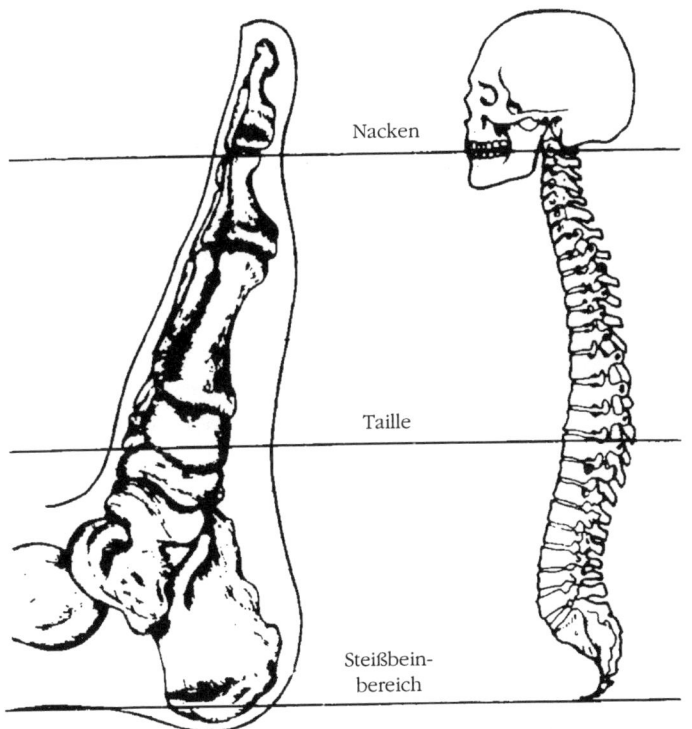

2 Schaubild der Wirbelsäule, die sich an der Innenseite des Fußes widerspiegelt

er seine eigenen Schaubilder der Fußreflex-Punkte, so wie er sie fand. Seine Intuition führte ihn weiter zu der Erkenntnis, daß viele der körperlichen Leiden, die sich in den Füßen widerspiegeln, auch zu einer entsprechenden Blockierung im Reflexbereich der Wirbelsäule in Beziehung stehen könnten; er erkannte, daß die Massage genauso wirkungsvoll war, wenn er nur den Reflexbereich der Wirbelsäule behandelte und nicht den ganzen Fuß. *(Siehe Abbildung 2.)*

Da die Wirbelsäule, die Hauptknochenstütze des Körpers, das zentrale Nervensystem enthält, und da es keine Trennung von Körper und Geist gibt, wurde Robert St. Johns Aufmerksamkeit auf die Beobachtung der psychologischen Effekte der Behandlung gelenkt. Während der Arbeit im Fersenbereich bemerkte er, daß der Patient eine Assoziation hatte, die dem entsprach, was er in der Folge das Mutter-Prinzip nannte. Gab es Blockierungen oder Unausgeglichenheiten in diesem Bereich, welcher das Kreuzbein, die Sexualorgane und den Ort der Geburt widerspiegelt, so wurden Schwierigkeiten entweder mit der Beziehung des Patienten zu seiner Mutter oder mit dem Mutter-Prinzip im Patienten selbst erkannt: der Fähigkeit, sorgende, nährende und empfangende Eigenschaften auszudrücken. Spätere Beobachtungen von Behandlern führten zu der Erkenntnis, daß auch Schwierigkeiten im Geerdet-Sein, im rechten Bezug zur Wirklichkeit und darin, auf dem Boden der Tatsachen zu stehen, vorliegen können. Nachdem das Mutterprinzip in der Fersengegend gefunden war, ergab sich die logische Frage, wo denn das Vater-Prinzip zu finden sei. Bei der Arbeit im Bereich um das erste Gelenk des großen Zehs, der dem oberen Nacken entspricht, wo die Nerven aus dem Gehirn ins Rückenmark treten, fand er im Falle dort vorliegender Spannungen entsprechende psychologische Schwierigkeiten des Patienten mit dem Vater-Prinzip, dem äußeren Vater oder der Autoritätsfigur. Spätere Beobachtungen zeigten, daß bei dem Patienten auch Schwierigkeiten mit dem Ausdruck seiner eigenen inneren Autorität oder Vatereigenschaften vorliegen können: das Recht, er selbst zu sein, oder sogar das Recht, überhaupt da zu sein.

Um diese psychologischen Zustände erkennen zu können, hatte Robert St. John seinen Ausgangspunkt auf eine höhere Ebene heben müssen, indem er ein Schaubild psychologischer Eigenschaften über das Schaubild der körperlichen Reflexzonen legte. Dann begab er sich auf eine noch höhere Ausgangsebene. Aufgrund innerer Einsicht erkannte er, daß zwischen dem Vater-Prinzip am Zeh und dem Mutter-Prinzip an der Ferse die Widerspiegelung eines anderen Schaubilds lag, eines Zeit-Schaubilds der neun Monate, die wir im Mutterleib verbringen. Die zur Wirbelsäule gehörenden Reflexpunkte werden so als ein Träger für ein Zeitgefüge erkannt. Bei der Empfängnis könnte der Vater der aktivste Teil genannt werden, da er nur hier voll an der Schöpfung des neuen Lebens beteiligt ist. Natürlich nimmt auch die Mutter an der Empfängnis teil, doch findet sie erst im Gebären die Erfüllung dieser Teilnahme. Zwischen diesen beiden Ereignissen liegt die Reifezeit in der Gebärmutter. Deshalb arbeiten wir, wenn wir diesen Bereich bearbeiten, in Wirklichkeit am Gefüge der Zeit, während der alle unsere Eigenschaften primär gefestigt wurden.

In den 60er Jahren machte Robert St. John diese Entdeckung, auf die die traditionellen Akupunkteure in China bereits hingewiesen hatten. Er nannte sie zunächst Praenatal-Therapie, weil sie sich mit der vorgeburtlichen oder Reifezeit in der Gebärmutter befaßt. Später wurde sie dann Metamorphische Methode genannt.

Wir stellen die vorgeburtliche Zeit in den Brennpunkt, nicht als etwas Vergangenes, sondern als einen wesentlichen Bestandteil unserer Gegenwart. In diesem Sinne ist die Zeit wie ein Strom, der aus einem See ins Meer fließt, wo Feuchtigkeit in die Atmosphäre aufgenommen wird, um wieder zur Erde zurückzukehren und den Kreislauf zu wiederholen. Die Ereignisse der Vergangenheit sind noch in irgendeiner Form in uns. In seinem Buch „Der sanfte Weg ins Leben" wies Dr. Frederick Leboyer darauf hin, daß die Wirbelsäule jede Erinnerung an unsere vorgeburtliche Zeit gespeichert hält, und erklärt, daß wir durch unsere Wirbelsäule in ununterbrochener Berührung mit den Gebärmutterwänden und mit jeder Bewegung unserer

Mutter sind. Daher finden wir das Praenatal- Muster in den Wirbelsäulen-Reflexpunkten.

Ein neues Schaubild ist entdeckt worden, das ein früheres Bild dieses Bereiches zeigt, als es bisher bekannt war. Zunächst haben wir das Reflexzonen-Schaubild, das den stofflichen Körper zeigt, wie er in den Füßen gespiegelt ist. Dann finden wir, daß unter dem Schaubild des Körpers ein psychologisches Schaubild liegt. Unter dem psychologischen finden wir ein Schaubild der Reifezeit in der Gebärmutter, aber wenn wir auch über dieses Schaubild hinaus weiterschauen, dann finden wir das Leben selbst.

Das Prinzip der Selbstheilung und die Möglichkeit einer dauerhaften Heilung fielen Robert St. John auf, als er mit seiner eigenen Version der Reflexzonen-Massage (damals Reflex-Therapie) begann. Hier können wir einen deutlichen Unterschied zwischen der Reflexzonen-Massage und der Metamorphischen Methode sehen. Die Reflexzonen-Massage arbeitet mit dem Ziel, Veränderungen im Körper – vorwiegend auf der stofflichen Ebene – zu bewirken. Die Metamorphische Methode arbeitet auf eine andere Art, mit der Zeit, und sie erlaubt der Lebenskraft, die Wandlung im Patienten hervorzubringen. Der Behandler der Reflexzonen-Massage neigt dazu, insbesondere Bereiche zu behandeln, die Erkrankungen im Patienten entsprechen, um diese lindern zu helfen, während der Metamorphose-Behandler Krankheitszeichen oder Erkrankungen nicht beachtet, sondern immer am vorgeburtlichen Muster arbeitet als dem Bereich, der die Zeit darstellt, in der unsere Schwächen und Stärken zuerst gefestigt wurden. Durch diese Behandlung können sich Wandlungen sowohl auf den Verstandes-, Gefühls- und Verhaltensebenen als auch auf der körperlichen Ebene zeigen. Der Behandler konzentriert sich auf eine Zeitstruktur und auf die Lebenskraft, die sie durchfließt. Wir schauen nicht auf das Gebiet von Krankheitszeichen und Erkrankungen, sondern auf das Leben selbst. Wenn wir an der Landkarte festhalten, können wir die Landschaft um uns herum nicht sehen; wir müssen uns letztlich aller Landkarten, die wir benutzt haben, entledigen und sie nur als Bezugspunkte betrachten, um das Land zu sehen, um das Leben zu sehen.

Der wesentliche Punkt ist der, daß Schwankungen im Energiefluß und dem Bewußtseins-Zustand während der Reifezeit in der Gebärmutter die Eigenschaften hervorbringen, mit denen wir unser Leben heute leben. Verbunden mit dieser Tatsache ist das Verhältnis der Reifezeit in der Gebärmutter zur Wirbelsäule: Die Spannungserlebnisse dieser Phase prägen sich in der Wirbelsäule aus und gehen von dort in den Körper über. So verlieren die Aussagen der Reflexzonen-Therapie ihre Gültigkeit, da wir sozusagen im Bereich des Abstrakten arbeiten, an einem Zeitgefüge. Wir benutzen das Reflexsystem, genauer die Reflexzonen der Wirbelsäule an den Füßen, als einen Träger jener Zeitperiode; dies ermöglicht uns, aus einer Haltung der Gelassenheit, des inneren Abstands zu arbeiten.

Da also die Reifezeit in der Gebärmutter der Vergangenheit angehört, folgt daraus, daß die Arbeit der Metamorphischen Methode sich auf jene Zeit bezieht. Zeit ist aber nicht linear, die Ereignisse der Vergangenheit sind noch immer in uns. Durch Lockern des Zeitgefüges kann die Lebenskraft des Patienten die Eigenschaften verändern und freisetzen, die sich in der Vergangenheit niedergeschlagen oder geprägt haben (und noch immer in uns wirken), wodurch sie eine größere innere Freiheit schafft. Auf diese Weise ist die Fähigkeit des Patienten, sich selbst zu heilen, wahrhaftig am Werk.

DAS PRAENATAL-MUSTER

*Zeit ist das Kontinuum, durch das wir die Wandlungen
in unseren psychologischen Räumen erfahren.*

JAMES RUDOLPH MURLEY[6]

Eines der vielen Wunder der Geburt ist die außergewöhnliche Bewußtwerdung, daß hier ein neuer Mensch ist, völlig bewußt, mit eigenen Gedanken und Gefühlen, gänzlich ausgebildet, ein vollkommenes Einzelwesen. Wir können verstehen und anerkennen, daß dieses Wesen im Mutterleib körperlich gebildet wurde und gewachsen ist. Dennoch werden häufig die Fragen gestellt: Wie kam es dorthin? Wo kam es her? – Fragen, die nicht auf das körperliche, sondern auf das innere Sein zielen, auf die Energie, das Bewußtsein im Körper. Schauen wir der Geburt eines Kindes zu, können wir nicht umhin, das individuelle Leben als unantastbar, unbestimmbar und als etwas offensichtlich Nicht-Körperliches anzusehen. Die Mutter ist dessen schon eine Zeitlang gewahr gewesen, da das Kind sich in ihr bewegte; doch Gewahrsein der Tatsache, daß es sein eigenes Bewußtsein besitzt, ist bis zur Geburt nicht so völlig eindeutig. So werden wir also bei dem Wunder der Geburt mit den universalen Fragen des Lebens konfrontiert: Woher kommen wir und warum sind wir hier? Im Augenblick wollen wir folgende Fragen erörtern: Wann treten Intelligenz und Leben in das neue Wesen im Mutterleib ein? Sind sie schon irgendwie in dem Samen und in dem Ei gegenwärtig? Treten sie erst bei der Geburt ein? Und wenn nicht, wann dann?

Wir können nicht mit Bestimmtheit sagen, wann und wie Intelligenz oder Leben in den Körper eintreten oder woher sie kommen, weil vieles, das wir verstehen, nur auf Intuition und Annahme fußen kann. Es gibt eine Menge Theorien und Glaubensrichtungen, wie wir diese Individuen wurden, die wir sind. Diese Theorien bewegen sich von: irgendwie von Gott „gemacht", ein Ergebnis von Taten in früheren Leben, ein Teil eines „universalen Plans", bis hin zu: einfach ein Produkt der Vereinigung unserer Eltern zu sein. Theorien sind genauso zahlreich vorhanden wie Fragen. Wir finden Beschreibungen, nach denen Bewußtsein entweder bei der Empfängnis, nach drei Monaten, nach sechs Monaten oder bei der Geburt eintritt. Trotz der Unterschiede ist es jedoch klar, daß Bewußtsein vorhanden ist, noch bevor wir unseren ersten Atemzug tun. Dies läßt sich jedesmal beobachten, wenn ein Kind geboren wurde und noch mit der Placenta verbunden ist, aber noch nicht begonnen hat, selbständig zu atmen. Das Kind kann sehr wohl die Augen geöffnet haben und mit Fingern und Zehen um sich tasten, ist sehr eindeutig bewußt, aber es atmet noch nicht. Es ist ein wunderwirkender Anblick, da es irgendwie das intuitive Wissen bestätigt, daß der ungeborene Fötus bewußt ist.

Um zu einem Verständnis dessen zu gelangen, wer und was wir sind, müssen wir einen Ausgangspunkt annehmen; wir nehmen hier die Empfängnis, weil dies der Zeitpunkt ist, an dem wir zuerst eine materielle Gestalt annehmen. Ob Bewußtsein dann vollständig gegenwärtig ist oder nicht, wissen wir nicht. Was wichtig ist, ist die Tatsache, daß wir in diesem Augenblick in stofflicher Form auf der Erde in Erscheinung treten. Alle Lebewesen haben gewisse Grundeigenschaften, die sie miteinander teilen, wie die Fähigkeit zu Heilung und Regeneration, aus einem Teil ein Ganzes zu bilden; oder die Fähigkeit, sich wandelnden Umweltbedingungen anzupassen, wie zum Beispiel die Tönung der Haut durch Sonnenbestrahlung. Embryogenese, die Entstehung des Einzelwesens, welche der Empfängnis folgt, ist ein Prozeß, der auf herrlichste Weise die Erschaffung eines Ganzen aus einem Teil offenbart und damit direkt mit dem Heilungsprozeß verbunden ist.

Das Ei und der Same sind Teile der Mutter und des Vaters. Bei der Zeugung vereinen sie sich und bilden eine einzige

Zelle, die die genetische Erbmasse beider Elternteile beinhaltet. Diese Zelle, die Zygote, erfährt dann eine Reihe von Umwandlungen, wobei ein neuer, ganzer Organismus aus den Teilen der Eltern entsteht. Dieses neue Individuum hat dann besondere Eigenschaften wie Augenfarbe, Nasenform, Blutgruppe etc., die weitgehend durch die Gene vorbestimmt sind, die über das Ei und den Samen von den Eltern ererbt wurden. Jedes Individuum besitzt auf diese Weise zwei „Stränge" als sein oder ihr Erbgut: zum einen die universalen Zeugungseigenschaften, die verantwortlich sind für solche Prozesse wie Embryogenese und Heilung, die Einzelteile zu Ganzheiten umwandeln; zum anderen besondere Wesensmerkmale, die von den Genen „getragen" werden und die sich selbst innerhalb des lebendigen Umformungsprozesses ausdrücken. Dieses Erbgut verbindet das Individuum mit allen anderen Lebewesen, so daß man sagen könnte, daß alle Organismen miteinander dasselbe Potential an Ausdruck von lebendiger „Intelligenz" teilen. Diese Intelligenz kann als die Gesamtheit der Organisationsgesetze verstanden werden, die das lebendige Dasein beherrschen. In der Embryogenese wird diese Tatsache in den ordnungsgemäßen Umwandlungen deutlich, denen der Embryo in seiner Entwicklung unterliegt: zuerst in den Zellteilungen der Zygote und dann im fortschreitenden Hervortreten von räumlicher Ordnung, indem sich die Zellen zu Mustern ordnen und an dem jeweils ihm zugehörigen Platz Gefüge wie Kopf, Augen und Gliedmaßen hervorbringen, die alle zusammen als ein umfassendes Ganzes wirken.

Von jener ersten Zelle an durchläuft der Embryo viele verschiedene Stadien der Entwicklung. In der herkömmlichen Embryologie finden wir eine Beschreibung des Embryos, der zuerst als ein bloßer Streifen erscheint, sich dann jedoch in der Länge und zu den Seiten ausdehnt. Dazu gibt es eine Lehrmeinung, nach der dieses Wachstum mit der Entwicklung von Bewußtsein in Wechselwirkung steht, und die das Längenwachstum „Cephalo-caudal-Entwicklung" und das Seitenwachstum „Proximo-distal-Entwicklung" nennt.

Cephalo-caudale Entwicklung ist die Bewegung vom Gehirn zur Basis der Wirbelsäule, eine abwärts verlaufende Ausdehnung. Jonathan Daemion sagt über diese Bewegung: „Die körperliche Entwicklung des Embryos läßt dann den Schluß zu, daß eine Menge an Lebensenergie im Kopf konzentriert ist, die nach unten zu drücken beginnt, die unteren Bereiche des Körpers schrittweise belebt und formt."[7] Proximo-distale Entwicklung ist eine nach außen verlaufende Ausdehnung, eine Bewegung von der Wirbelsäule als Zentrum des Körpers durch die Gliedmaßen nach außen. „Wenn Bewußtsein in größerem Maße von der Entwicklung des stofflichen Körpers als einem Gefäß von Bewußtsein abhängig ist, dann entfaltet sich das Bewußtsein des Embryos aus einem eingeschlossenen ‚Zentrum' nach außen, in die ungeschützteren Gliedmaßen."[8]

Eine dritte Entwicklung drückt sich in der Rekapitulations – theorie aus, bei der der Embryo in verschiedenen Stadien dem . Embryo anderer Lebensformen von Fisch, Vogel bis zu den Säugetieren ähnelt. Dieses würde im Hinblick auf Bewußtsein bedeuten, daß nicht nur die Entwicklung der Menschheit in den Genen gegenwärtig zu sein scheint, sondern auch der gesamte Entwicklungsprozeß des Lebens, d. h. der Mensch spiegelt in seiner Entwicklung alle anderen Formen des Lebens wider.

Wenn wir die vielfältigen Arten betrachten, in denen sich Bewußtsein während des embryonalen Wachstums entfaltet, können wir uns in unserem gegenwärtigen Sein vollständiger verstehen. Die oben erwähnten Arten der Entwicklung stehen in Bezug zu einer weiteren Art der Entwicklung, die in der Metamorphischen Methode das Praenatal-Muster genannt wird. In Anlehnung daran, daß die cephalo-caudale Bewegung von Bewußtsein im Embryo vom Kopf zum Steißbein hinunterfließt, liegt daher im Praenatal-Muster der Reflexpunkt für die Empfängnis an der Spitze der Wirbelsäule und der Reflexpunkt für die Geburt an ihrer Basis. Die proximo-distale Bewegung von der Wirbelsäule nach außen zu den Gliedmaßen kann von einem anderen Gesichtspunkt aus als die

Bewegung vom Kind-im-Mutterleib bis zum Kind-draußen-in-der-Welt betrachtet werden. Sie kann auch darin gesehen werden, wie sich unsere Energie von einem Zentrum aus durch Denken, Handeln und Bewegen, durch Kopf, Hände und Füße nach außen hin ausdrückt.

Das Wachstum des Fötus aus einer einzigen Zelle zu einem vollkommen ausgebildeten Menschen ist ein außerordentlicher Vorgang der Evolution. Gehen wir nun näher auf das Praenatal-Muster ein, das nicht nur die körperliche Entwicklung sondern auch die Entwicklung des Bewußtseins innerhalb der Gebärmutter umfaßt und dessen große Bedeutung Robert St. John entdeckte.

Vor-Empfängnis

Hier bewegt sich das Bewußtsein des zukünftigen Lebens im Bereich des Abstrakten auf den Augenblick der Empfängnis zu. Dies ist ein Entwicklungsstadium außerhalb von Zeit, Raum und Materie, in dem, so nehmen wir an, die Einflüsse, die sich zum Zeitpunkt der Empfängnis niederschlagen werden, zu diesem neuen Leben, das sie selbst sind, angezogen werden. Die Vor-Empfängnis entspricht dem großen Zeh oberhalb des ersten Gelenks. Hier befindet sich der Reflexpunkt für den Kopf, der die Aspekte des Gehirns, des Intellekts und den mystischen Aspekt unseres Seins enthält.

Empfängnis

Dies ist ein Brennpunkt in der Zeit, ein Zusammenkommen aller Faktoren, die das neue Leben formen werden. Wir haben bereits gesehen, wie die erste Zelle, die bei der Vereinigung von Samen und Ei gebildet wurde, das vollständige genetische Muster für dieses neue Leben enthält, und daß jede weitere Zelle dieses ursprüngliche Muster in sich trägt; daraus folgt, daß zu diesem Zeitpunkt die „Struktur" des zukünftigen

Wesens angelegt ist, um sich in den folgenden neun Monaten zu entfalten. Auf Bewußtsein bezogen ist Empfängnis ein Niederschlag aller Einflüsse und Eigenschaften in die Materie, die unser Sein ausmachen. Sie ist der Ausgangspunkt für den individuellen Menschen, der wir jetzt sind.

Dieser Moment in der Zeit entspricht einem Punkt am Fuß, der sich auf dem ersten Gelenk des großen Zehs befindet. Es ist der Reflexpunkt des Atlas, dem ersten Wirbel der Wirbelsäule. Er entspricht auch dem Hals und dem Übergang vom Kopf zur Wirbelsäule. Er bildet die Brücke zwischen unserem Zentrum des abstrakten Denkens und der körperlichen Wirklichkeit unseres In-der-Welt-seins.

Nach-Empfängnis

Damit ist etwa die erste Hälfte der Reifezeit in der Gebärmutter gemeint, vom Augenblick der Empfängnis bis zum Zeitraum zwischen achtzehnter und zweiundzwanzigster Woche, eine Zeit intensiven körperlichen Wachstums, eine formbildende, auf sich selbst gerichtete Entwicklungsphase, in der der Embryo sich im Stofflichen einrichtet. Dies ist das „afferente" Stadium, was bedeutet, daß die Energie nach innen gerichtet ist und sich einzig und allein auf die innere Entwicklung und die Fähigkeit, bewußt zu sein, konzentriert. Auf Bewußtsein bezogen muß eine Entscheidung für das Leben eintreten, welche sich allem Anschein nach um die sechste Woche ereignet, die Zeit, in der unsere Lungen gebildet werden, die uns erst selbständiges Leben ermöglichen. Falls diese Entscheidung nicht getroffen wird, kann zwischen sechster und zehnter Woche der Schwangerschaft eine spontane Fehlgeburt erfolgen. Nach diesem frühen Stadium beginnt die Phase, in der sich der Embryo zu einem Individuum entwickelt. Also fängt die eigentlich formbildende Phase, der Reifungsprozeß auf der individuellen Ebene, in der sechsten Woche an und dauert bis zum Zeitraum zwischen achtzehnter und zweiundzwanzigster Woche.

3 *Schaubild des Praenatal-Musters*
von Robert St John

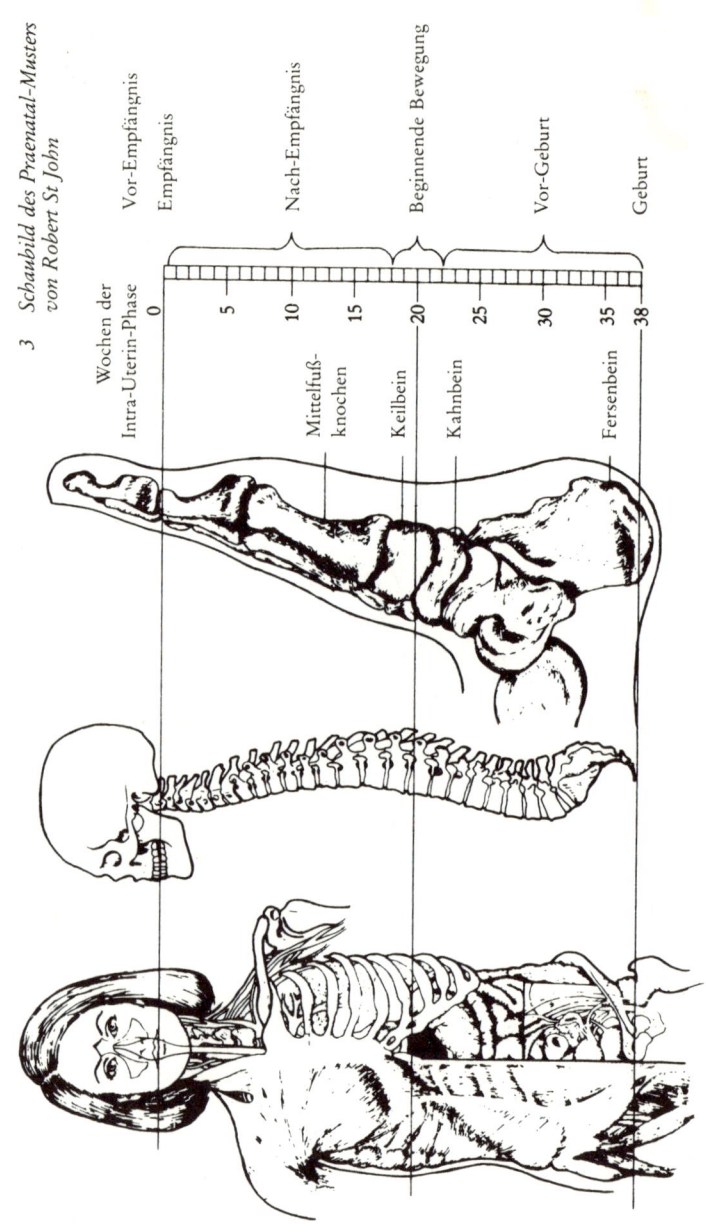

Das Wort „Individuum" kommt vom Lateinischen „individuus", d. h. unteilbar. In diesem Sinne erlebt das wahre Individuum keine Trennung und ist vollkommen eins mit allem anderen. Während also das neue Leben in diesem Stadium sich selbst als ein Einzelwesen formt, kennt es gleichzeitig keinen Unterschied zwischen sich und seiner Umgebung. Man kann dies als ein Paradox betrachten: als ein Nicht-Gewahrsein persönlicher Individualität und als ein Gewahrsein wahrer Individualität.

Die Phase der Nach-Empfängnis entspricht dem Bereich zwischen dem ersten Gelenk des großen Zehs und dem Zentrum des Bogens, der sich zwischen dem inneren Keilbein und dem Kahnbein befindet. Diese Linie auf dem Fuß spiegelt den Bereich, der sich von der Spitze der Wirbelsäule bis hinunter ungefähr zum achten bis zehnten Brustwirbel erstreckt. Dieser Bereich entspricht auch dem Brustkorb von der Kehle bis zum Solar Plexus, worin Herz und Lunge eingeschlossen sind. Hier können wir unsere mehr persönlichen und privaten Bereiche des Bewußtseins finden.

Beginnende Bewegung

In dieser Phase fühlt die Mutter zum ersten Mal eine deutliche Bewegung des Kindes in ihrem Bauch. Dies ist ein Wendepunkt für den Fötus, weil er sich jetzt, da sein Körper ausgebildet ist, nach außen zu bewegen beginnt, um seine Umgebung und ihre Begrenzungen zu erforschen. In seinen Bewegungen entdeckt es, daß es nicht allein ist, daß es noch jemand anderen (die Mutter) gibt. Auf das Bewußtsein bezogen zeigt dieser Zeitraum zwischen der achtzehnten und zweiundzwanzigsten Woche eine Wendung von Gewahrsein seiner selbst zu etwas anderem als seiner selbst, von einem introvertierten zu einem extrovertierten Zustand, von der inneren Entwicklung zu einer nach außen gerichteten Ausdehnung. Daher ist dies eine Zeit vollständigen Wandels, eine Öffnung des Gewahrseins der Welt gegenüber.

Die Phase der Beginnenden Bewegung entspricht am Fuß der Linie zwischen Keilbein und Kahnbein, die wiederum den Bereich vom achten zum zehnten Brustwirbel widerspiegeln, und entspricht auch dem Solar Plexus.

Vor-Geburt

Diese Phase dauert vom Zeitraum zwischen achtzehnter und zweiundzwanzigster Woche bis zur Geburt. Der Körper ist gebildet, aber er ist zur Geburt, d. h. für die äußere Welt noch nicht bereit. Der Fötus braucht diese Zeit zur Vorbereitung. Er bereitet sich darauf vor, sich aus dem Mutterschoß, einem in sich geschlossenen, vertrauten Raum in einen offenen und sozialen Raum, in die Außenwelt zu begeben. In dieser Phase festigt er die Austausch- und Beziehungsfähigkeiten. Das Individuum als Wesen ist ausgebildet und es wird seiner selbst als getrennt gewahr. Es nimmt die äußere Umgebung als etwas wahr, innerhalb dessen es sich bewegt, gegen das es sowohl ankämpft als auch mit ihm fließt; und es ist auch seiner Fähigkeit zu handeln gewahr. Folglich ist dies eine Zeit der Vorbereitung auf Handeln. Hier handelt es sich um das „efferente" Stadium, was besagt, daß die Energie sich nach außen bewegt und auf die Fähigkeit des Reagierens konzentriert. Es ist das Stadium, in dem Beziehungen entwickelt werden und das Individuum sich in der Welt selbst definiert.

Die Phase der Vor-Geburt entspricht der Linie vom Mittelpunkt des Fußes bis zur Ferse, und spiegelt die Wirbelsäule vom Bereich zwischen achtem und zehntem Brustwirbel, bzw. Solar Plexus bis zum Steißbein wider. Dieser Bereich umfaßt unser Verdauungssystem, die Nieren und die Fortpflanzungsorgane.

Geburt

Hierbei handelt es sich offensichtlich um eine Zeit großer Veränderung und eine Zeit des Handelns oder Nicht-Handelns.

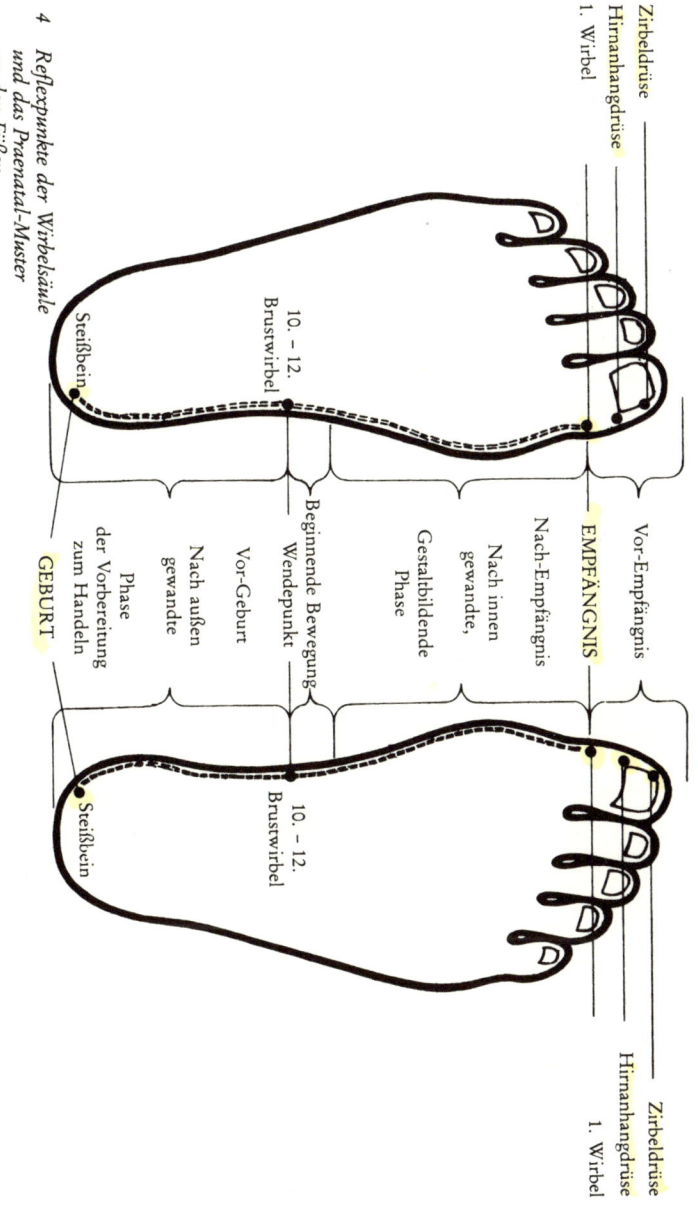

4 Reflexpunkte der Wirbelsäule und das Praenatal-Muster an den Füßen

Normalerweise führt der Fötus den Zeitpunkt seiner eigenen Geburt herbei, wenn er für diese Veränderung bereit ist. Bei der Geburt stehen beide, das Kind und die Mutter, dem Ende ihrer einzigartigen Beziehung gegenüber, da sie zwei voneinander getrennte Wesen werden. Es hängt von den Umständen ab, ob dies Anlaß zu Angst, Isolation, Panik und Rückzug oder aber zu Freude, Vertrauen, Einheit und Erweiterung geben wird. Auf das Bewußtsein bezogen wird das, was hier geschieht, darüber entscheiden, ob in unserem späteren Leben in Zeiten, in denen wir einer grundlegenden Wandlung gegenüber stehen, ein Gefühl von Freiheit oder Eingeschränktsein entsteht.

Die Geburt entspricht dem Punkt, wo die Achillessehne sich mit dem Fersenbein verbindet. Dieser Punkt spiegelt das Steißbein wider und im weiteren den gesamten Beckenbereich und bietet damit ein Abbild unserer Bewegung aus einem geschlossenen in einen offenen Zustand und unserer Fähigkeit, uns in neue Situationen hineinzubewegen.

Es ist vielleicht nicht überraschend, daß sich diese Bewußtseinsentfaltung im Mutterleib während unseres ganzen Lebens immer wieder abspielt. Zum Beispiel werden geistige Störungen, Spannungen und Beklemmungen durch gesteigertes Gewahrsein des Körpers oft gelindert oder gelöst, indem Aufmerksamkeit – wie in der cephalo-caudalen Bewegung – aus dem Kopf in den unteren Teil des Körpers gelenkt wird. In ähnlicher Weise verringern sich oft gestörtes Raumempfinden, äußeres Chaos oder eine Unfähigkeit, in der Welt zurechtzukommen, dadurch, daß wir in unsere „Mitte" kommen. Wenn wir uns in unserem Herzen oder im Solarplexus sammeln und von dort nach außen bewegen – wie in der proximo-distalen Bewegung – treten unser Richtungssinn und unsere Begabung klarer hervor. Am Beispiel einer neuen Idee, die in uns auftaucht, können wir auch sehen, wie sich dieses Praenatal-Muster in unserem Leben wieder abspielt. Dem Stadium der Formenbildung und Entwicklung der Idee folgt ihre Erweiterung im Hinblick darauf, wie sie angewendet werden kann. Dann kommt die Zeit der Handlung, die Vermittlung dieser

Idee und Kritik, Beifall oder Stellungnahme durch die Welt im weiteren Sinne. Der Prozeß der Geburt, in welcher Form auch immer, ob geistig, emotional oder körperlich, ist oft eine schmerzvolle, dunkle, verwirrte Zeit, eine Zeit des Wechselspiels von Zusammenziehen und Ausdehnen, eine Zeit der Unsicherheit, in der du nicht weißt, wohin du gehst, aber weißt, daß du ankommen mußt. Dieses Muster entspricht ebenfalls dem des menschlichen Lebens. Wenn wir Entsprechungen für den Zeitraum von der Empfängnis bis zur Geburt herstellen, dann entspricht die Kleinkind-Phase der Nach-Empfängnis, in der es keine Schranken zwischen uns und den anderen gibt; das geselligere und mehr extrovertierte Stadium des jugendlichen Heranwachsens entspricht der Phase der beginnenden Bewegung, wenn unser Körper bereits ausgeformt ist, wir aber noch nicht reif sind; und die Zeit des Erwachsenseins entspricht der Vor-Geburt. Bei jeder Geburt geschieht ein Tod, der *Tod* von Mutter und Kind als *ein* Wesen führt zur *Geburt* von *zwei* Wesen. In jedem Tod geschieht eine Geburt: die Geburt von Grenzenlosigkeit aus der Individualität.

Wir haben bereits gesehen, wie wir den gesamten Evolutionsprozeß in uns selbst widerspiegeln, deshalb können wir unser Verständnis der Reifezeit in der Gebärmutter um eine Stufe erweitern, indem wir noch eine Parallele einführen, wodurch unsere Empfängnis mit dem Anbeginn der Zeit und unsere Geburt mit dem Augenblick der Vereinigung von Samen und Ei gleichgesetzt werden kann. Auf diese Weise gehen wir weit über unsere eigene Reifezeit in der Gebärmutter hinaus zu dem Begriff von Zeitlosigkeit, der in unseren Füßen miteingeschlossen ist. So finden wir drei Muster: 1. vom Anbeginn der Zeit zum Augenblick unserer Empfängnis; 2. von der Empfängnis zur Geburt, wie wir es bereits im Detail gesehen haben; 3. von der Geburt zum gegenwärtigen Zeitpunkt unseres Lebens. Folglich umspannen wir Zeitlosigkeit und Zeit.

Nachdem wir die Entwicklung von Bewußtsein im Verlauf der Reifezeit in der Gebärmutter nachgezeichnet haben, können wir unsere anfängliche Frage jetzt eingehender betrachten:

Woher kommt dieses Bewußtsein? Überraschenderweise steht dies in Bezug zu neuen Erkenntnissen über das endokrine System, im besonderen zu Zirbeldrüse und Hirnanhangdrüse, die beide im Gehirn liegen. Das endokrine System ist die Gesamtheit der Drüsen mit innerer Sekretion, die winzige Mengen von Hormonen absondern und damit alle Funktionen des Körpers vom Denken bis zur Fortpflanzung regulieren; dieses System ist autonom, es arbeitet „von selbst" und könnte daher mit dem Instinkt des Menschen verglichen werden: Es reagiert unmittelbar auf Reize und erhält innerhalb des KörperGeistes ein Gleichgewicht aufrecht. Ein gutes Beispiel hierfür ist die Freisetzung von Adrenalin als Reaktion auf Angst.

Die Zirbeldrüse ist eine geheimnisvolle Drüse, die keine direkte Funktion zu haben scheint, jedoch fehlen oft bei schweren Fällen von Geistesgestörtheit die normalerweise vorhandenen Kalciumkristalle. Dr. Karl König sagt über diese Drüse: „Dieses Organ verbleibt in einer verschleierten und geheimnisvollen Form in unserem Körper... es lebt in uns wie der Saatkeim einer Pflanze, deren restlicher Körper verwelkt ist. Wie der Fruchtknoten einer Pflanze..., die von den ewigen Ideen befruchtet wurde und die dem Menschen die Möglichkeit gibt, seine eigenen Begriffe zu formen. Es ist ein Organ des Denkens, mittels dessen wir lernen zu ‚erkennen' und so ewige Ideen in irdische Begriffe umzuwandeln. Hier liegt der Grund für Descartes' Behauptung, daß die Zirbeldrüse der Sitz der menschlichen Seele sei. Die Zirbeldrüse hält das Tor zwischen unserer Seele und dem Reich des Geistes geöffnet."[9] Dies legt nahe, daß die Zirbeldrüse der Eintrittspunkt von Bewußtsein, der höchste Punkt von Wissen in uns ist, deren Tätigkeit jedoch im modernen Menschen nahezu ruht. Interessant ist hier anzumerken, daß sich oberhalb dieser Drüse die Fontanelle befindet, die bis lange nach der Geburt geöffnet bleibt.

Unterhalb der Zirbeldrüse liegt die Hirnanhangdrüse, die als die „Meisterdrüse" des endokrinen Systems bekannt ist, da sie alle anderen Drüsen direkt beeinflußt. Hierbei könnte es so erscheinen, daß das höhere Wissen der Zirbeldrüse durch die Hirnanhangdrüse auf die Erde geleitet wird: „Wenn die Zirbeldrüse hinweist auf das Reich des Geistes, dann weist die Hirnanhangdrüse auf die Erde hin. Die menschliche Seele erwacht mittels dieses kleinen Organs zu irdischem Bewußtsein."[10] Dies bewiesen der wissenschaftlichen Welt die Mitgewinner des Nobelpreises 1977, die Doktoren Roger Guillemin und Andrew Schally in ihrer Arbeit über Hormone, insbesondere die Hirnanhangdrüse: „Ihre Forschungsarbeit mag erklären, wie der Geist die körperliche und geistige Gesundheit durch Hormone beeinflußt.... (Die Hirnanhangdrüse) ist ein Bindeglied zwischen Körper und Seele."

Auf das Bewußtsein bezogen finden wir also, daß die Zirbeldrüse der Ort absoluten Wissens und die Hirnanhangdrüse der Ort des höheren Geistes ist.

Wir haben bereits gesehen, wie die Gene unserer Eltern uns buchstäblich „gebaut" haben, aber noch haben wir die Frage, woher Bewußtsein kommt, nicht beantwortet. Offensichtlich sind wir jetzt wieder im Reich der Mutmaßung. Vor der Empfängnis scheint es im Bereich des Abstrakten eine Bewegung von Energie und Bewußtsein auf einen Brennpunkt hin zu geben. Von dort aus wird die Energie umgewandelt, so daß sie sich bei der Empfängnis in Materie niederschlagen kann. Auf das Bewußtsein bezogen wird nach der Empfängnis aus diesem Brennpunkt die Zirbeldrüse und das Stadium der Umwandlung wird zur Hirnanhangdrüse.

Um dies zu vereinfachen, benutzen wir die Analogie von der Entstehung eines Hauses. Ein Architekt plant, ein Haus zu bauen, dann setzt er sich hin und zeichnet die Pläne. Die Bauleute werden es dann nach den Anweisungen des Plans mit ihren Materialien bauen. Für ein menschliches Wesen sind ganz offensichtlich die Eltern die Bauleute. Es ist nicht schwer, anzunehmen, daß die Gene der Bauplan sind; kann man jedoch behaupten, daß sie die Persönlichkeit, die Individualität enthalten? Wenn nicht, muß man annehmen, daß bei der Empfängnis ein Zusammentreffen der Bauleute und des Materials mit dem Architekten stattfindet. Der ursprüngliche Gedanke des Architekten, ein Haus zu bauen, ist der

Zirbeldrüse analog, und das Zeichnen der Pläne der Hirnanhangdrüse. Das heißt, daß die Intelligenz während der Phase der Vor-Empfängnis den Bauplan des neuen Lebens entworfen hat. Sie hat sozusagen auf ihrem Weg zur ersten Zelle, die durch die Vereinigung der Eltern gebildet wurde, die Farben zusammengetragen, die dem neuen Leben seine Eigentümlichkeiten verleihen werden.

Um die Analogie des Hausbaues zu erweitern, lassen wir uns von den Chinesen daran erinnern, daß wir nicht in den Mauersteinen leben, sondern in den Lücken zwischen ihnen, den Räumen. Unsere Eltern mögen die Bausteine bereitgestellt haben, aus denen wir gebaut wurden, aber es ist der Raum in uns, in dem wir unser höheres Bewußtsein finden.

KÖRPER		BEWUSSTSEIN
Dieses Stadium der Entwicklung wird im Körper als Zirbeldrüse und Hirnanhangdrüse erscheinen.	Vor-Empfängnis	Die Bewegung von Intelligenz und Leben aus dem Unendlichen, Ewigen, Absoluten in das Endliche, die Zeit und die Relativität zum Zweck der Gestaltwerdung. Leben und Intelligenz kommen in einem Brennpunkt zusammen. Verringerung der Schwingungsrate von Leben und Intelligenz, so daß sie sich als und durch das Stoffliche ausdrücken können.
Vereinigung von Samen- und Eizelle	Empfängnis	Niederschlag all der Elemente – stofflicher und nicht-stofflicher Art – die für die Erfüllung unseres Lebenszwecks hier auf der Erde notwendig sind.
1.–49. Tag: Bildung der Organe. 50.–98. Tag: die Organe funktionieren noch nicht vollständig. Fötus ist eins mit der Mutter.	Nach-Empfängnis	Ausdruck des Menschseins und daraufhin der Individualität. Der afferente und der maskuline Aspekt unseres Seins wird festgelegt. Mentale Muster werden gebildet, da die Fähigkeit des Gewahrseins sich entwickelt.
Obwohl der Fötus in der 14. Woche beginnen sollte, sich in der Gebärmutter zu bewegen, da seine Organe nun vollständig funktionieren, fühlt die Mutter die Bewegungen erst zwischen der 18. und 22. Woche. Der Fötus wird autonom.	Beginnende Bewegung	Öffnung zur Welt hin. Bewegung vom Bewußtsein des Selbst zum Bewußtsein des Anderen.
Von der 22. Woche an schläft und wacht der Fötus und reagiert auf Ton- und Lichtreize von außen. Um die 32. Woche tritt der Kopf in den Geburtskanal.	Vor-Geburt	Ausdruck des sozialen Seins. Der efferente und der weibliche Aspekt unseres Seins wird festgelegt. Entwicklung der Fähigkeit, auf die Welt einzugehen und auf äußere Reize zu reagieren. Vorbereitung zum Handeln.
Das Erscheinen des Säuglings, das die einzigartige Mutter-Kind-Beziehung beendet.	Geburt	Handeln oder Nicht-Handeln. Sinn für Freiheit und Autonomie in der Welt.

5 Schaubild der parallelen Entwicklung des Körpers und des Bewußtseins in der Gebärmutter

ENTSPRECHUNGEN

Was am schwächsten und verworrensten scheint,
ist das stärkste und entscheidenste in euch.
Ist es nicht der Atem, der den Bau eurer Knochen
aufgerichtet und gehärtet hat?
KAHLIL GIBRAN[12]

Wir können nicht genug betonen, wie bedeutsam die Auffassung von „KörperGeist" ist, die besagt, daß es keine Trennung zwischen Körper und Geist gibt. Wir neigen dazu zu denken, daß wir einen Körper „haben", daß wir unserem Körper Bewegung, Nahrung, Ruhe, Vergnügen oder Arzneimittel geben, wenn „er" krank ist. Wir sehen unseren Körper als etwas, das wir mit uns herumtragen; wir mögen Teile unseres Körpers, andere mißfallen uns, wir ängstigen uns, wenn in ihm etwas nicht in Ordnung ist; was wir gewöhnlich nicht einsehen, ist die Tatsache, daß nicht ein Teil in Unordnung ist, sondern wir als Gesamtheit. Wenn wir niedergeschlagen sind, fühlt sich unser Körper schwer und leblos an; wenn wir glücklich sind, fühlen wir uns körperlich leicht und beschwingt. Unser Geist und unser Körper arbeiten als Einheit.

Alles im Universum, einschließlich allem, was unser Sein ausmacht *ist* Energie. Diese Energie mag verschiedene Formen annehmen, aber gleich welche Form – sei es ein körperlicher Zustand, ein geistiger Konflikt, ein Gefühl der Freude oder eine seelische Erkenntnis – es ist Energie. Wenn es einen Mißklang in uns gibt, können wir einen schlimmen Husten bekommen, uns ärgerlich fühlen, Schmerzen im Rücken verspüren, oder wir werden orientierungslos und verwirrt. Wenn wir das Seelische und das Körperliche als Einheit betrachten, dann können wir verstehen, daß es zwischen ihnen keinen Unterschied gibt, gleich welcher Ausdrucksweise wir begegnen: Das zugrundeliegende Ungleichgewicht ist einfach Energie, die einer Entladung bedarf. Auf dieser Grundlage können wir anfangen, den Körper zu „lesen", um zu erkennen, was das auf allen Ebenen stattfindende Ungleichgewicht ausmacht. Zu unserer Hilfe gibt es bestimmte Wegweiser.

Das Prinzip der Entsprechungen.

Die Vorgehensweise, die Robert St. John entwickelt hat, wurde von den „Lehrsätzen der Entsprechungen" angeregt, wie sie Emanuel Swedenborg formulierte, ein schwedischer religiöser Lehrer, der im 18. Jahrhundert lebte. Danach deckt sich jeder natürliche Gegenstand mit einer geistigen Tatsache oder einem geistigen Prinzip und symbolisiert es. Daraus kann eine enge Beziehung zwischen geistigen Eigenschaften und materiellen Formen gefolgert werden, wobei die ersteren die Archetypen der letzteren sind. Wir können diese Auffassung anwenden, wenn wir die drei primären Arten betrachten, in denen das Leben im Menschen in Erscheinung tritt, als Energie, als Verstand und als Gefühl. Diese entsprechen den drei wichtigsten Zellstrukturen des menschlichen Körpers: festes Gewebe, weiches Gewebe und Flüssigkeiten.

Festes Gewebe

Das feste Gewebe in uns ist hauptsächlich das Skelett, das Gefüge und der Kern unseres körperlichen Seins. Es kann in Zusammenhang zu den Steinen und Mineralien der Erde gesehen werden, die ein festes, inneres Fundament darstellen.

Knochen bilden unsere Basis, ein Gerüst, auf dem wir aufgebaut sind. Sie können als die körperliche Erscheinung der

Energie betrachtet werden, die bei der Empfängnis eintrat. Robert St. John erklärt es folgendermaßen: Unsere Knochen „bilden das ursprüngliche Muster dessen ab, womit wir unser Leben bei der Empfängnis begannen" und beinhalten „die ererbten Merkmale, die karmischen Muster und alle anderen Faktoren, die dem neuen Leben auferlegt oder von ihm angezogen werden. Die Wirbelsäule ist das Zentrum dieses Gefüges und Ausdruck des Praenatal-Musters, das der Brennpunkt dieser Arbeit ist. Das übrige Skelett ist die Ausdehnung dieses Prinzips in die drei Formen von... denken, handeln und gehen..., wie sie sich durch Kopf, Schultern und Becken ausdrücken."[13] Im festen Gewebe ist unser Verlangen nach Inkarnation dargestellt, das Verlangen, tatsächlich in die Materie zu gelangen. Damit Leben in Erscheinung treten kann, muß es eine Form haben, und die ist in unserem Falle das Skelett.

Wissenschaftler haben festgestellt: je dichter die Materie, desto schneller bewegen sich darin die atomaren Teilchen und um so mehr atomare Energie ist in ihr enthalten. So enthalten Diamanten die größte Menge an Atomenergie unter den Kristallen, da sie die komprimierteste Form von Materie darstellen. Im Menschen können wir eine Entsprechung mit der Knochenstruktur erkennen, denn die Knochen haben die dichteste Atomstruktur im Körper und sind darum die am stärksten verdichtete Energieform.

Wir haben gesehen, daß es eine Entsprechung zwischen dem Knochengefüge und dem Energie-Aspekt unseres körperlichen Seins gibt. Wenn wir nun unsere Betrachtungsebene verschieben, wird aus Energie Kraft; und was ist die letztendliche Kraft? „So spricht Gott der Herr zu diesen Gebeinen: Siehe, ich will Odem in euch bringen, daß ihr wieder lebendig werdet."[14] Das lateinische Wort für Atem (Odem) ist „Spiritus", das bedeutet die beseelende oder Lebens-Energie im Menschen, das, was dem körperlichen Organismus – im Gegensatz zu seinen rein stofflichen Elementen – Leben gibt. Die höchste Kraft ist demnach dieser „Atem" des Leben oder Geist. Genauso wie die Knochen die zugrundeliegende Struktur bilden, die das Fleisch und die Körperflüssigkeiten unterstützt, so verleiht der Geist unseren Gedanken und Gefühlen Leben und ist die zugrundeliegende Kraft, die durch unser Bewußtsein und unser Verbundensein spricht. Ein Bruch oder Trauma in dieser Struktur deutet auf einen tiefen inneren Konflikt hin, der oft im Unbewußten liegt.

Das Knochengefüge ist das Muster, mit dem wir beginnen. Die Struktur des weichen Gewebes ist das, was wir aus diesem Muster machen.

Weiches Gewebe

Das weiche Gewebe in uns besteht aus Haut, Fleisch, den Organen, Nerven und Muskeln, und kann der Erde zugeordnet werden. Fleisch und Haut stellen die Umhüllung der Knochen dar; Muskeln, Sehnen und Bänder geben ihnen Bewegung, Kraft und Beweglichkeit; die inneren Organe, die vom autonomen Nervensystem gesteuert werden, halten die körperlichen Funktionen aufrecht.

Unser weiches Gewebe entspricht unserem Verstandes-Aspekt und drückt die fortwährende Bewegung von Wandlung in uns aus. Die Muskeln dienen dem festen Gewebe als Mittel, sich zu bewegen, und in gleicher Weise ermöglicht uns unser Verstandes-Aspekt, daß wir uns in Übereinstimmung mit unseren Erkenntnissen und Einsichten bewegen und verändern. Unser weiches Gewebe ist die Abbildung unserer tieferliegenden Charaktereigenschaften, Traumen und Erfahrungen. Wie Ken Dychtwald in seinem Buch *KörperBewußtsein* sagt: „Ich bin zu der Einsicht gekommen, daß... psychologische Auswahl und persönliche Haltungen und Vorstellungen nicht nur auf die Funktionstüchtigkeit des menschlichen Organismus einwirken, sondern auch die Art, wie er geformt und strukturiert ist, entscheidend beeinflußt."[15] Man kann sagen: Wer mit kräftigen Beinen und geradem Rücken aufrecht geht, der begegnet der Welt mit Vertrauen; während jemand mit gebeugtem Rücken und hängenden Schultern wahrscheinlich eine beträchtliche seelische Last trägt. Spannungen werden in unseren Muskeln eingeschlossen – starre Sehnen weisen auf starre Haltungen hin. Sie bauen sich langsam auf und bewirken, daß die Energie gestaut oder zurückgehalten wird. Die Erinnerung an vergangene Ereignisse wird in unserem Gewebe gespeichert und bewirkt direkte Veränderungen der körperlichen Form. Alexander Lowen schreibt in *Bioenergetik*: „Ein Mensch ist die Summe seiner Lebenserfahrungen, von denen jede einzelne in seiner Persönlichkeit gespeichert und in seinen Körper eingefügt ist. So wie ein Holzfäller die Lebensgeschichte eines Baumes an den Jahresringen ablesen kann, so ist es möglich..., die Lebensgeschichte eines Menschen von seinem Körper abzulesen."[16] In diesem Sinne können wir erkennen, wie wir zum Beispiel Fettschichten ansetzen, um bestimmte Teile unseres Körpers zu schützen, die ungelöste Konflikte enthalten. Oder wir haben über- oder unterentwickelte Muskeln, die Schwäche oder Stärke darstellen. Verspannte Muskeln oder schwache Organe drücken das Festhalten an Gedankenmustern aus, die mit den Funktionen des entsprechenden Körperteils zusammenhängen.

Wenn wir von unserem Verstandes-Aspekt sprechen, ist Bewußtsein miteinbezogen. Um bewußt zu sein, müssen wir uns einer Sache bewußt sein, es muß ein Gegenstand oder ein Gedanke vorhanden sein, auf den wir unsere Aufmerksamkeit richten. Buddha verglich Bewußtsein mit einer Flamme, die von einem Baumstamm zum anderen überspringt; die Flamme kann nicht ohne die Stämme existieren, so wie Bewußtsein auch nicht ohne einen Gegenstand existieren kann. Und doch fühlt man, daß da etwas wirkt, etwas, das jenseits der Wirklichkeit des Gegenstandes vorhanden ist. Das ist Intelligenz. In Begriffen der Swedenborg Lehre drückt dies folgendes Sufi-Wort so aus: „Intelligenz wird angesichts eines Gegenstandes zu Bewußtsein."

Das weiche Gewebe ermöglicht uns Bewegung, und es sind die Flüssigkeiten, die dieser Bewegung Richtung verleihen.

Flüssigkeiten

Die Flüssigkeiten in uns – Blut, Wasser, Lymphe – durchdringen und durchfließen unseren ganzen Organismus und beeinflussen Gesundheit und Gleichgewicht. Sie stehen in Beziehung zu den Ozeanen und zu den Flüssen, die überall auf der Erde fließen. Wenn wir erregt sind, verändert sich die Verteilung der Flüssigkeiten augenblicklich: Blut durchströmt Lippen, Brustwarzen und Genitalien, oder Schweiß bricht aus. Annähernd 90 % des Körpers ist Flüssigkeit, hauptsächlich Wasser, das sich wie ein auf- und abfließendes, großes, inneres Meer verhält, mit Wellen und Strömungen, die die Richtung des Fließens beeinflussen. Das Blut, das durch das Herz fließt (ein altes Symbol für Liebe) stellt einen Kreislauf dieser Liebe von uns zu uns selbst und zu anderen dar. Wasserlassen ist eine Freisetzung von Emotionen, zum Beispiel in Momenten der Furcht oder Panik.

Die Flüssigkeiten entsprechen unserem Gefühls-Aspekt. Das Wort Emotion ist vom Lateinischen *e-movere* – hinausbewegen, abgeleitet; unsere Gefühle drücken die Richtung der Wandlungsbewegung in uns aus und geben dieser Bewegung Antrieb und Ziel. Physiker sagen uns, daß sich die Galaxie vom Zentrum nach außen hin ausdehnt, daß die Bewegung des Universums – wie die proximo-distale Bewegung – nach außen gerichtet ist. Wir könnten sagen, daß einer der Gründe unseres Daseins auf der Erde der ist, uns im Bewußtsein auszudehnen; es ist unser emotionaler Aspekt, der dieser Ausdehnung unseres Seins auf eine größere Verbindung zwischen seinen verschiedenen Ebenen hin Richtung verleiht.

Die höchste Gefühlserfahrung ist Ekstase. Das Wort wird hier nicht mit religiösen Nebenbedeutungen gebraucht, sondern als ein Ausdruck der Fähigkeit des Menschen, die Grenzen seiner Vernunft zu überschreiten.

Die Arbeit des weichen Gewebes ermöglicht dem festen Gewebe, sich zu bewegen, und diese Bewegung ist aufgrund eines Richtungssinnes, der in ihr liegt, geordnet. Unser Energie-Aspekt liegt unseren Verstandes- und Gefühls-Aspekten zugrunde, gerade so, wie unsere Knochen sich unter dem Fleisch und den Flüssigkeiten befinden. Indem wir in unserem Gewahrsein wachsen, wird unser Sein „aufgestuft", und wir fangen an, verstärkt auf den höheren Ebenen von Geist, Intelligenz und Ekstase zu wirken.

Dieses Prinzip der Entsprechungen *(siehe Abbildung 6)* versieht uns mit einem Schaubild, dem wir entnehmen können, was in unserem Sein vor sich geht. Folgende Worte von Robert St. John veranschaulichen dies: „Muskelleiden lassen eine Trägheit in der Beweglichkeit des Geistes erkennen. Herzleiden weisen auf einen Aspekt des Geistes hin: er befindet sich im Widerspruch mit der Fähigkeit, den Organismus mit lebenspendender Nahrung zu durchdringen, mit dem Eindringen von ‚Leben' in jede Zelle. Es ist ein Gefühlsmoment. Leberleiden zeigen eine Hemmung in den Handlungsprinzipien an, die zur Lebenserhaltung notwendig sind. Blasenleiden deuten auf Schwierigkeiten, sich von den emotionalen Mustern der Vergangenheit zu befreien. Die Verhärtung der Arterien bedeutet eine starre Haltung gegenüber dem freien Fluß der Gefühle."[17] Wir können diese Art des Vorgehens noch weiter ausdehnen, weil es noch einen anderen Wegweiser zum Verständnis unseres Seins gibt: die Funktion der verschiedenen Körperteile.

Festes Gewebe	Gefüge	Energie-Aspekt	Kraft	Geist
Weiches Gewebe	Bewegung	Verstandes-Aspekt	Bewußtsein	Intelligenz
Flüssigkeiten	Richtung	Gefühls-Aspekt	Gefühl/ Kommunikation	Ekstase

6 *Schaubild vom Prinzip der Entsprechungen*

Bewegen, Handeln, Denken

Das Verständnis, das die Chinesen von den sechs Bereichen der Kommunikation hatten, nämlich von Kopf, Händen, Brustwarzen, After, Geschlechtsteilen und Füßen, gewährt uns Einblick in die Art, wie der KörperGeist sich auf die Welt bezieht. Der Grund, warum in der Metamorphischen Methode Kopf, Hände und Füße berührt werden, ist der, daß diese drei äußeren Kommunikationsbereiche drei primären Funktionen entsprechen: denken, handeln und bewegen oder gehen. *(Siehe Abbildung 7.)* In jeder ausgeglichenen Lebensäußerung pflegen wir alle drei nahezu gleichzeitig zu benutzen: den anfänglichen Impuls, die Ausführung und den Bewegungsablauf der Handlung.

Das Bewegungs- oder Gehzentrum reicht vom Beckenbereich zu den Beinen und Füßen. Aktivität in diesem Bereich drückt unsere Fähigkeit aus, uns körperlich fortzubewegen. Im Becken selbst handelt es sich mehr um eine innere Bewegung, während unsere Füße beim Gehen die Qualität dieser Bewegung zuerst und am weitesten in die Welt hinein ausdehnen. Unsere Füße stellen unseren körperlichen Kontakt mit der Erdenergie her. Die Arbeit an unseren Füßen konzentriert sich auf die Wandlungsbewegung in uns, sie kann die Art und Weise beeinflussen, auf die wir uns in der Welt bewegen und wie wir die eingeschlagene Richtung empfinden. Sie bringt Dinge in Gang. Das Bewegungszentrum entspricht auch den vorgeburtlichen und die Geburt betreffenden Stadien des Praenatal-Musters (dem Efferenten), die mit unseren sozialen und nach außen gerichteten Aspekten, unserer Fähigkeit auf Dinge und Menschen einzugehen, verknüpft sind.

Im oberen Teil des Körpers befindet sich das Zentrum des Handelns, das sich von der Wirbelsäule zu den Schultern, über die Arme bis zu den Händen erstreckt. Durch dieses Zentrum drücken wir unsere Fähigkeit aus, etwas auszuführen, zu erschaffen und zu geben, was wir aus unserem Leben machen und wie wir mit ihm umgehen. Die Schultern stellen die Handlungsenergie auf einer nach innen gewendeten Ebene dar, denn mit ihnen tragen wir unsere Lasten oder halten an Schuld aus vergangenen Taten fest. Mit unseren Händen drücken wir unsere Rolle in der Welt aus und sie spiegeln unser Verlangen wider, entweder uns in das hineinzubegeben,

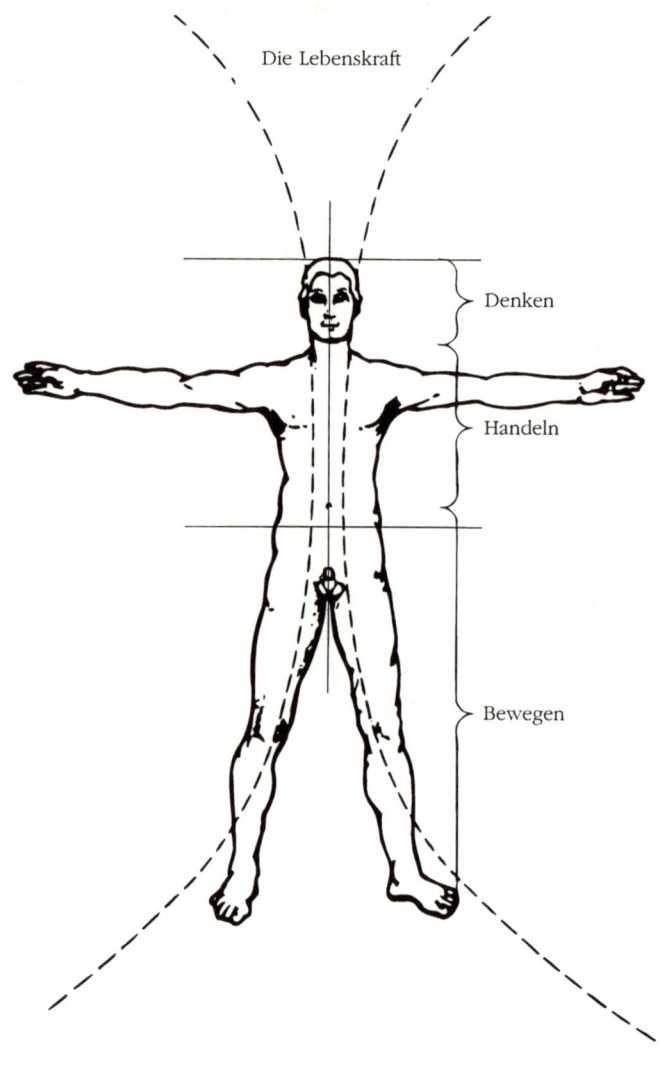

7 *Schaubild der Zentren von Denken, Handeln und Bewegen*

was wir tun, oder uns daraus zurückzuziehen, wie auch unsere Fähigkeit, neue Gelegenheiten zu ergreifen. Durch die Arbeit an unseren Händen werden unsere Fähigkeit, innerhalb der Wandlungsbewegung zu handeln, und unsere Gefühle zu dem, was wir in der Welt tun, freigesetzt. Das Zentrum des Handelns entspricht auch dem Stadium der Nach-Empfängnis (dem Afferenten), den persönlichen und nach innen gewandten Anteilen unserer selbst.

Der Kopf wird als Zentrum des Planens angesehen. Jede Handlung, die wir ausführen, hat ihren Impuls im Gehirn, der über das zentrale oder autonome Nervensystem in den Körper geleitet wird. Wir überlegen unser Handeln, bevor wir es ausführen, wir planen und dann handeln wir. Durch das Gehirn übertragen wir unsere Gedanken auf die Welt und erhalten Ideen und Gedanken von anderen. Der Kopf ist ein vorrangiges Zentrum der Verständigung, durch das wir die Welt mit Hilfe der Sinne durch Sehen, Hören, Riechen und Schmecken wahrnehmen. Wie wir uns in der Welt sehen und was wir in Bezug auf sie über uns denken, ist auch mit diesem Planungszentrum verbunden. Die Arbeit an unserem Kopf regt unsere Fähigkeit an, zu denken und unser Leben zu steuern. Außerdem unterstützt sie uns darin, innerhalb der Wandlungsbewegung initiativ zu sein, die durch die Metamorphische Methode an unseren Füßen ausgelöst wird. Das Denkzentrum entspricht der Vor-Empfängnis und der Empfängnis, dem Empfangen und Verstehen von Eingebung und Wissen. Durch unseren Kopf stehen wir in Verbindung mit der Energie des Himmels.

Diese drei Zentren von Aktivität entsprechen den drei Hauptrichtungen unseres Ausdrucks. Zum Beispiel entspringen unsere Gefühle dem Kern unseres Seins und wir drücken sie nach oben hin durch den Kopf aus, im Gebrauch von Augen und Mund, von Stimme und Worten und im Küssen; nach außen durch unsere Arme und Hände, die halten, streicheln, berühren und trösten; und nach unten durch unser Becken, mit dem wir im Akt des Liebens geben, miteinander teilen und zueinander in Beziehung treten.

Links – Rechts

Die linke und rechte Seite unseres Körpers entsprechen den beiden verschiedenen Aspekten unserer Natur, den männlichen und weiblichen. Im Gehirn befinden sie sich auf den entgegengesetzten Seiten, da in unserem Nacken sich das Nervensystem überkreuzt. Die rechte Gehirnhälfte und die linke Körperseite stellen das Weibliche dar, d. h. die empfängliche, intuitive, irrationale, unbewußte, schöpferische Energie, die innere Welt. Konflikte auf dieser Seite des Körpers können mit inneren Konflikten mit der weiblichen Seite unseres Seins zu tun haben. Vielleicht auch mit den schöpferischen und intuitiven Energien und der Fähigkeit des Empfangens.

Die linke Gehirnhälfte und die rechte Körperseite spiegeln den männlichen Aspekt wider. Es ist die gebende, intellektuelle, bewußte, nach außen gerichtete, logische Seite, welche die meisten von uns täglich gebrauchen. Da diese Seite die männliche Energie widerspiegelt, können wir bei Frauen hier den Konflikt antreffen, eine männlichere Natur in das Stereotyp des weiblichen zu integrieren. Bei den Männern besteht der Konflikt darin, ein Mann zu sein und mit anderen Männern im Wettstreit zu liegen, um die Männlichkeit zu beweisen. Konflikte auf dieser Seite haben auch mit der Welt oder praktischen Angelegenheiten und der Fähigkeit des Gebens zu tun.

Das Praenatal-Muster

Hier verweisen wir auf das vorherige Kapitel, in dem die Entsprechungen des vorgeburtlichen Musters zum Körper erläutert werden.

Wenn wir jetzt ein größeres Schaubild des KörperGeistes anlegen, wird deutlich, wie eine körperliche Fehlfunktion mit den Ebenen von Denken und Fühlen in Beziehung gesetzt werden kann und umgekehrt. Indem wir dreierlei miteinander verbinden: die Funktion – Denken, Handeln, Bewegen – die

Beschaffenheit des betroffenen Körperteils – hartes Gewebe, weiches Gewebe, Flüssigkeiten – die linke und rechte Seite und das Praenatal-Muster, wie zum Beispiel: die Entsprechung zwischen der Brust und der Phase der Nach-Empfängnis, dann zeichnen wir ein volleres Bild. Wir wollen an einigen Beispielen aufzeigen, wie dies funktioniert, wobei wir nicht vergessen dürfen, daß wir an dieser Stelle nur die Erscheinungsformen des Lebens betrachten, die Teile und nicht das Ganze. Unser Hauptanliegen gilt, über die Schaubilder oder Krankheitszeichen hinaus, immer der Lebenskraft.

Entzündungen der Blase, der Harnwege usw.

Sie finden sich im Becken, und das Becken entspricht dem Bewegungszentrum. Da die Flüssigkeiten den emotionalen Aspekt spiegeln, so bezieht sich der Urin im besonderen auf negative Gefühle, die innerlich „vergiften". Die Beckengegend entspricht auch der Phase der Vor-Geburt, in der unsere Fähigkeit, ein soziales Wesen zu sein, festgelegt wird. Aus diesem Grund werden sich die ausgedrückten Gefühle direkt auf andere Menschen beziehen. Also kann man sagen, daß Entzündungen der Harnwege auf einen Gefühlswiderstand gegen die Bewegung hinweisen, die in unserem Leben gerade stattfindet, oder genauer auf Spannungsgefühle gegenüber anderen, wie Ärger oder Frustration. Es ist so, als wenn jemand seine Gefühle zurückhält, ein Mangel an Verständigung, so daß die damit verbundene Energie einen körperlichen Ausdruck findet. Forschungen haben ergeben, daß Harnblasenentzündungen bei Frauen häufiger auftreten, wenn sie sich in Beziehungsschwierigkeiten befinden, als zu irgendeiner anderen Zeit.

Heiserkeit, Husten

Heiserkeit ist die Folge einer Reizung des weichen Gewebes in einem Bereich, der mit dem Zentrum des Handelns verbunden ist, mit dem, was wir mit unserem Leben tun. Der Hals ist auch der Durchflußkanal der Energie zwischen dem Kopf und dem übrigen Körper und kann daher mehr als jeder andere Bereich eine Spaltung des KörperGeistes verdeutlichen, wobei der Kopf psychologisch vom Körper getrennt ist. Im Praenatal-Muster entsprechen Hals und Brust der Empfängnis- und dem ersten Abschnitt der Nach-Empfängnis-Phase und nach innen gerichteter Energie. Was hier also vorliegen könnte, ist eine geistige Verunsicherung, eine Enttäuschung oder ein Konflikt in uns selbst im Hinblick darauf, was wir mit unserem Leben tun oder tun werden. Es kann auch ein geistiger Widerstand dagegen vorliegen, uns in Worten auszudrücken und eine Abspaltung von den Gefühlen in unserem Körper.

Husten ist ein Anzeichen von geistiger Gereiztheit, bringt ungewollte Flüssigkeiten, Schleim oder ungewollte, uneingestandene Gefühle an die Oberfläche. Wir wollen „etwas loswerden, was auf unserer Brust lastet", Gefühle, die wir zurückhalten und – insbesondere uns selbst gegenüber – nicht voll eingestehen. Er zeugt auch von geistigem Widerstand dagegen, unsere Gefühle auszudrücken.

Diese Art, den KörperGeist zu begreifen, ist wichtig für unser Verständnis der Schwierigkeiten, denen wir begegnen, und für das, was sie uns sagen. Der KörperGeist versucht, uns auf vielerlei Weise zu zeigen, daß etwas nicht stimmt, daß eine Energieblockierung da ist, bevor er von Schmerz Gebrauch machen muß. Er benutzt Krankheitszeichen, sei es Erkältung, Kopfschmerz, Verstopfung oder Depression, um anzuzeigen, daß sich auf einer anderen Ebene etwas abspielt, was nicht beachtet und deshalb blockiert wird.

Dies alles spiegelt sich in den Füßen wider, und wenn wir die Füße lesen, ist es nicht nötig, den übrigen Teil des Körpers anzusehen. Sie spiegeln die Bewegung wider, die sich auf jeder Ebene in uns abspielt, deshalb kann ihre Sprache der einzige Wegweiser sein, den wir brauchen. Wir alle haben unsere eigene Art, unseren KörperGeist auszudrücken, daher ist es nie möglich, genau zu sagen, was vor sich geht. Wenn wir einen besonderen Zustand der Füße feststellen, können wir sicher sein, daß Energie intensiv angeregt ist, aber ihr Ausdruck kann mannigfaltig sein. Um dies weiter auszuführen, wollen wir uns einige verbreitete Störungen anschauen.

Beschaffenheit

Extreme Trockenheit zeigt entweder, daß der Gefühls-Aspekt unausgeglichen ist, oder die Gefühle können zurückgenommen, innerlich festgehalten sein; viel Feuchtigkeit kann auf einen Gefühlskonflikt oder darauf hinweisen, daß eine Entladung, ein Ausbruch von Gefühlen geschieht. Bei aufgedunsenen oder geschwollenen Füßen wird die Flüssigkeit zurückgehalten und spannt die Haut zum äußersten. Man kann dies als ein Übermaß an Gefühlen begreifen, die nicht freigegeben werden. Oder das gesamte Gefühlsleben liegt mit dem Verstand im Streit.

Hornhaut

Hierbei ist die Haut verhärtet, was Anzeichen einer gewissen geistigen Überaktivität ist. Man findet sie meistens an der Ferse, dem Bereich der Mutter, des Erd-Prinzips, dem die Fähigkeiten zu lieben, zu nähren und zu pflegen zugeordnet sind. Verhärtete Haut kann einen Konflikt mit unserer eigenen Mutter oder mit unseren inneren Fähigkeiten, Sorge zu tragen, darstellen. Ebenso kann sie die Unfähigkeit ausdrücken, sich vollständig zu inkarnieren, geerdet zu sein und sich mit der Welt in Einklang zu befinden. Hornhaut ist hartes Gewebe oder verhärtete Haut. Wenn man das Eigenschaftswort „verhärtet" auf Menschen anwendet, bedeutet es, daß jemand gefühllos, ohne Mitempfinden, äußerst gleichgültig gegenüber den Schmerzen anderer ist. So kann die verhärtete Haut an der Ferse einen geistigen Widerstand gegen das Mutterprinzip oder die materielle Welt verdeutlichen.

Die Seiten des großen Zehs sind der Reflexpunkt-Bereich, der dem Vater, dem Gott-Prinzip entspricht, und wenn die Hornhautbildung hier auftritt, bedeutet dies einen geistigen Widerstand gegen Autorität, Macht und Verantwortlichkeit. Es kann aufgrund von Widerstand gegen eine äußere Quelle der Macht oder aufgrund der Unfähigkeit, seine eigene, innere Autorität, das eigene Verantwortungsgefühl, zu behaupten, ein Konflikt mit diesen Eigenschaften vorliegen. Dieser Bereich spiegelt unseren Bezugspunkt mit dem Himmeln, dem Gegenpol zur Erde, wider.

Hühneraugen
Hier geht der Konflikt noch tiefer als bei der Hornhaut, da Hühneraugen Wurzeln haben, die unter der Haut ins Fleisch eindringen. Weil hiermit auch Schmerzen verbunden sind, zeigt dies eine nach innen gekehrte Bewegung von Energie an, eine Weigerung des Geistes, sich den zugrundeliegenden Konflikt wirklich anzuschauen. Kleine Hühneraugen oder eine dünne Hornhautschicht, die noch nicht lange da sind, zeigen, daß die Spannung verhältnismäßig neu ist. Ein chronisches Hühnerauge jedoch oder eine dicke, harte Hautschicht zeigen, daß auf geistiger Ebene das Problem seit langem besteht.

Haut, die sich schält
Dieses Merkmal kommt und geht oft, kann sich über den ganzen Fuß ausbreiten oder plötzlich verschwinden, nur um später wieder aufzutauchen. Dies ist ein erneutes Anzeichen für eine Energie-Anregung auf der geistigen Ebene, aber diesmal ist es eine Klärung, weil darunter frische Haut zurückbleibt, wenn das Schälen aufhört. Schichten von geistigem Widerstand brechen in dem Maße zusammen, wie wir mit verschiedenen Teilen unserer selbst in Einklang kommen.

Blasen
Dabei bewirkt eine äußere Reizung, daß die Haut aufbricht und Flüssigkeit absondert. Blasen lassen geistige und emotionale Störungen erkennen, die zu einer Zeit der Schwäche an die Oberfläche kommen. Sie drücken nicht unbedingt eine innere Wandlungsbewegung aus, sondern können einfach Anzeichen von Schwäche sein, die mit dem Teil unseres Seins in Beziehung steht, der durch den entsprechenden Bereich des Fußes gekennzeichnet ist, und werden von einer äußeren Ursache, wie scheuernden Schuhen, ausgelöst.

Frostbeulen
Sie werden durch eine mangelnde Durchblutung der Zehen verursacht und können als ein Rückzug der Gefühle vor der Wirklichkeit gesehen werden. Die Ursache mag Angst, Ungewißheit

oder ein Mangel an klarer Richtung sein und das Ergebnis ist, daß die Gefühlsenergie tatsächlich nicht mit dem Teil von uns verbunden ist, der sich in der Welt bewegt. Dies führt zu einem geistigen Konflikt, auf den die Frostbeule selbst und die empfindliche Haut hinweisen. Frostbeulen sind körperliche Reaktionen auf kaltes Wetter und weisen entsprechend auch auf Gefühlskälte hin, auf einen Mangel an Betroffensein, der geistigen Schmerz verursacht. Die Zehen entsprechen den Sinnen, dem Kopf und der Vor-Empfängnis, so daß Frostbeulen einen Widerstand gegenüber dem vollen Gebrauch der Sinne ausdrücken können oder eine Verweigerung, das, was im eigenen, unmittelbaren Leben geschieht, wirklich zu sehen.

Eingewachsene Fußnägel
Diese erscheinen gewöhnlich an der oberen Ecke des Nagels vom großen Zeh, die der Reflexpunkt der Zirbeldrüse ist. Dieses Merkmal zeigt einen geistigen Widerstand gegen die Aufnahme höherer Energie und gegen Bewegung und Veränderung auf dieser Ebene. Ohne diese Energie fehlt dem Nagel die Stütze und er wird sich in das Fleisch krümmen.

Ballenentzündung
Diese Knochenverbildung zeigt einen tiefen Konflikt auf der Energieebene, der der Phase der Nach-Empfängnis zuzuordnen ist. Der Same dieses Konflikts wurde im Zeitraum zwischen vierter und sechster Woche des embryonalen Entwicklungsstadiums gelegt, als sich die Lungen bildeten und der Fötus die Verpflichtung eingehen mußte, am Leben zu sein. Unsere Lungen ermöglichen uns zu atmen, uns zu erhalten. Es mag eine Unsicherheit vorliegen, ein Zögern, bevor die Verpflichtung eingegangen wird, und dieses anfängliche Widerstreben ist eine Schwäche, die wir unser ganzes Leben hindurch immer wieder in Szene setzen – eine Unfähigkeit, in uns selbst voll gegenwärtig zu sein. Es kann ein Gefühl von Wertlosigkeit und Unzulänglichkeit vorliegen, das Enttäuschung und Verdruß aufkommen läßt. Ballenentzündungen entstehen oft dann, wenn Menschen es zulassen, auf irgendeine Weise ihrer eigenen

Initiative, ihres Individualitätsgefühls beraubt zu werden, oder wenn sie die Verantwortung für ihr eigenes Leben einer anderen Person überlassen, wie es in einer Beziehung geschehen kann, in der eine der Personen vorherrscht, sei es ein Elternteil oder ein Partner.

Gesenkte und hohe Fußgewölbe

Dieser Teil des Fußes steht in Beziehung zum Umfeld des Solarplexus, das im Praenatal-Muster der Reflexbereich der Phase der beginnenden Bewegung ist, und ist damit der Übergang zwischen der Art, wie wir in uns selbst und der Art, wie wir in der Welt sind. Gesenkte Fußgewölbe drücken einen Zusammenbruch auf der Energieebene aus, ein Gefühl von Schwäche und Hoffnungslosigkeit in unserer Beziehung zur Welt und unserer Fähigkeit, uns in ihr zu bewegen. Sie zeigen eine Neigung, über die Erdoberfläche dahinzugleiten wie ein Bootsmann auf dem Fluß, aus einer Angst, in etwas verwickelt zu werden. Sie zeigen auch einen Mangel an Unterscheidung zwischen dem persönlichen und öffentlichen Aspekt des Lebens, so daß diese beiden Aspekte sich leicht vermischen.

Hohe Fußgewölbe zeigen einen Rückzug, ein Sich-Zurückhalten, eine Unfähigkeit, leicht zu geben und ein Widerstreben, sich auf etwas einzulassen. Sie zeigen eine stärkere Neigung zur Luft als zur Erde. Sie spiegeln auch eine sehr klare Trennung zwischen persönlichen und öffentlichen Angelegenheiten wider, wie bei jemandem, der niemals auch nur träumen würde, eine Arbeit mit nach Hause zu nehmen.

Aufwärts- oder zurückgebogene Zehen und Hammerzehen

Alle drei Ausprägungen zeigen einen Rückzug der Sinne und ein mangelndes Verlangen danach, hier zu sein, was sich auf das Bewußtsein im Alltag auswirkt. Es herrscht ein Widerwille, in der Welt gegenwärtig zu sein und sich in ihr fortzubewegen.

Die Füße zeigen uns, was in uns vorgeht. Als Beispiel: Ein Journalist und Lehrer hatte, als er zum erstenmal eine Sitzung in der Metamorphischen Methode erhielt, einen Fleischklumpen am Mittelgewölbe seines Fußes, der den Punkt der Beginnenden Bewegung überdeckte. Dieser Mann hatte viele Schwierigkeiten in der Begegnung und im Austausch mit Menschen, obwohl dies zu seinem Beruf gehörte. Während einer Reihe von Sitzungen erlebte er einige Nächte lang einen stechenden Schmerz in diesem Bereich seines Fußes, den er sich im Schlaf kratzte. Der Klumpen verschwand bald danach und die Qualität seiner Beziehungen verbesserte sich beträchtlich.

Schau dir das Schaubild des Praenatal-Musters an und du wirst sehen, wo die einzelnen Entwicklungsstadien auf dem Fuß liegen und was sie bedeuten. Setze sie Punkt für Punkt zu dem in Beziehung, was sich in dir ereignet. Es ist alles vorhanden, gespeichert im festen und weichen Gewebe und in den Flüssigkeiten. Alles, was wir jetzt gerade sind – unser Gesundheitszustand, unsere Gefühle, Gedanken, Sehnsüchte, Schwierigkeiten – all dies läßt sich in diesem Moment dort finden. Paß auf! Die Person neben dir könnte in der Lage sein, deine Füße wie ein offenes Buch zu lesen!

Einflüsse

*Und ist es nicht ein Traum, dessen sich keiner mehr
von euch entsinnt, der eure Stadt erbaute
und alles formte, was darin ist?
...Und vermöchtet ihr das Geflüster
des Traumes zu vernehmen,
würdet ihr keinen anderen Laut mehr hören.*

KAHLIL GIBRAN[18]

Der Frage, wo wir herkommen, liegt eine andere, vielleicht wichtigere zugrunde, nämlich: Was ist der Zweck unseres Hierseins? Dies ist eine zeitlose Frage, die immer wieder von Menschen gestellt und von Propheten und Weisen beantwortet wurde. Die Antworten nehmen viele verschiedene Formen an, beinhalten aber dasselbe: daß es des Menschen Bestimmung ist, seine wahre Natur zu entdecken, Erleuchtung zu erlangen, die Fülle seiner Anlagen zu verwirklichen, einen Zustand von Einheit zu erreichen. Die Wege zu solch einem Zustand sind mannigfaltig und unterschiedlich, die Reise kann lange dauern und oft scheinbar unmöglich sein; doch ist sie die letztlich einzige Reise, die der Mensch machen kann, und zu der er von einem gleichsam göttlichen Heimweh angetrieben wird.

Wenn das der wahre Zweck des Menschen ist, warum scheint es dann so schwer, ihn zu erreichen? In uns fließt der reine Lebensstrom, der uns von einem Tag zum anderen durch das Leben trägt. Doch wie Felsen, die in den Strom geworfen werden, Strudel, Wasserfälle und Umleitungen verursachen, so behindern Schwierigkeiten den Fluß unserer Energie, der dadurch gehemmt wird. Wenn er frei wäre, wäre unser Weg einfach; es sind die Strudel und Dämme, die Kieselsteine und Geröllbrocken selbst, welche die Schwierigkeiten erschaffen, die uns für unsere Freiheit blind machen. Doch die Felsbrocken auf unserem Weg sind in Wirklichkeit „Schrittsteine", von denen jeder eine Gelegenheit für uns darstellt zu wachsen und über unseren gegenwärtigen Zustand hinauszugelangen, um die tiefere Bestimmung zu entdecken.

Um ein Beispiel zu gebrauchen, wollen wir eine Gruppe von Kindern beobachten, die eine Hindernisstrecke auf einem Rasen bauen. Dazu tragen sie Gegenstände zusammen, die sie auf der Strecke anordnen. Wenn sie anfangen zu spielen und die Strecke durchlaufen, treffen sie auf ein wackeliges Brett, über das sie in seiner ganzen Länge balancieren müssen. Sie fallen viele Male hin, bis sie endlich ihr Gleichgewicht gefunden haben. Sobald sie die Strecke beherrschen, verlieren sie ihr Interesse daran und gehen weg. Von diesem Beispiel können wir folgende Parallele zum Praenatal-Muster ziehen: Das Planen des Spiels und das Sammeln der Gegenstände stellt die Phase der Vor-Empfängnis dar, in der das einströmende Leben die Eigenschaften oder Einflüsse auf sich zieht, die „seiner Reinheit Farbe geben" werden. Das Bauen der Strecke entspricht der gesamten Reifezeit in der Gebärmutter, während der diese Einflüsse sich festigen. Das Spiel der Kinder auf der Strecke stellt das Leben vom Zeitpunkt der Geburt an dar. Um diese Parallele weiterzuführen, nehmen wir an, daß vom Standpunkt des Absoluten her gesehen, der Zweck unseres Daseins hier auf Erden schon vor der Empfängnis bekannt ist. Um diesen Zweck sowohl auf der kosmischen wie auf der individuellen Ebene zu erfüllen, werden bestimmte Wesensmerkmale zusammengetragen, wenn wir uns inkarnieren. Dieses absolute Wissen wird jedoch dann zurückgelassen, damit wir es auf einer irdischen Ebene wiederentdecken können. Die Wesensmerkmale dienen als Mittel für diese Entdeckung. Weil wir auf der Erde sind und nicht im Absoluten, müssen wir innerhalb der Begrenzungen von Zeit lernen. Auf dieselbe Weise entdeckt das Kind, während es über das wackelige Brett balanciert, hinfällt und immer wieder von neuem beginnt, durch ständige Wiederholung, wie es zu schaffen ist, und darüber hinaus erfüllt es den Zweck der Übung, nämlich sein Gleichgewicht zu finden. Wenn der Zweck erfüllt ist, können wir ihn hinter uns lassen und zur nächsten Lektion weitergehen.

Wir ziehen die Wirklichkeit an, die wir brauchen. Alles, was uns im Leben begegnet, was immer es sein mag, dient uns als Mittel, uns als Einzelwesen zu erweitern. Die Umstände und Ereignisse, die wir anziehen, stehen nicht willkürlich plötzlich vor uns, sondern sie sind das, was wir, aus welchem Grund auch immer, gerade zu diesem Zeitpunkt brauchen, auch wenn wir es auf einer bewußten Ebene vielleicht nicht erkennen. Man könnte sagen, daß alle Umstände, denen wir begegnen, von „Verhaftungen in der Zeit" herrühren. Um diese Auffassung zu verstehen, stellen wir uns vor, daß jemand in unser Zimmer kommt und uns anschreit. Wir verspannen uns, und wann immer wir diesem Menschen wiederbegegnen, erinnern wir uns an den Vorfall und fühlen die Verspannung. Das Ereignis wurde in der Zeit eingefroren. Das gleiche geschieht auch, wenn jemand etwas Schönes zu uns sagt. Das Kompliment bleibt in uns und wird in der Zeit festgehalten, „verhaftet"; es kann wieder ins Gedächtnis gerufen werden und unsere Gefühle für die Person, die es geäußert hat, beeinflussen. Energie wird abgezweigt, um diese Vorkommnisse in uns zu speichern.

Und so wird durch die „Verhaftungen in der Zeit" die Grundlage für unsere gegenwärtige Wirklichkeit gelegt. Alle Hilfen und Gelegenheiten, Hindernisse und Schwierigkeiten in unserem Leben begegnen uns als Ergebnis der anfänglichen Muster, die sich bei der Empfängnis durch die sich in ihr niederschlagenden Einflüsse gebildet und als Verhaftungen in der Zeit Gestalt angenommen haben. Unsere Geisteshaltung macht aus dieser Programmierung entweder Gelegenheiten oder Hindernisse. Zum Beispiel kann sich jemand in der Mitte seines Lebens eine sehr schwere Krankheit zuziehen, deren zugrundeliegende Schwäche bereits bei der Empfängnis vorhanden war, aber erst nach all diesen Jahren hervortritt. Die Haltung des Menschen kann dieses scheinbare Unglück entweder in eine Gelegenheit für inneres Wachstum umwandeln oder aber sie als eine Katastrophe ansehen. Im ersten Fall unterstützt sie die Genesung; im zweiten Fall kann das Leiden noch lange Zeit andauern.

Um dies besser zu verstehen, wollen wir alle Faktoren betrachten, die bei der Empfängnis gegenwärtig sind, und die darauf Einfluß nehmen, was wir werden sollen. Sie teilen sich in zwei Kategorien: Materielle Einflüsse und nicht-materielle Einflüsse. *(Siehe Abbildung 8.)*

Materielle Einflüsse

Materielle Einflüsse umfassen das, was wir durch die Gene von unseren Eltern erben. Die genetische Struktur bestimmt einige unserer Merkmale, zum Beispiel die Tatsache, daß wir Menschen sind und einer bestimmten Epoche, einer bestimmten Rasse und Familie angehören.

Seiner Inkarnation zuzustimmen bedeutet, daß wir alle Eigenschaften und Fähigkeiten annehmen, die den Menschen ausmachen im Gegensatz zu denen, die den Tier-, Pflanzen- und Mineralreichen zu eigen sind.

Die Rasse, in die wir hineingeboren werden, hat ihre eigene Kultur und ihre eigenen Traditionen. Sie hat ihre körperlichen und geistigen Merkmale, Gefühls- und Verhaltensneigungen, die jedes Mitglied beeinflussen. Diese Eigenschaften prägen uns auch auf einer spezifischeren Ebene, wenn wir das Erbgut unserer Vorfahren in Betracht ziehen, das durch unsere Eltern auf uns übertragen wird, zum Beispiel die Augenfarbe, angeborene Krankheiten, die Prägung durch Familie und Klassenzugehörigkeit. Der körperliche, geistige und emotionale Zustand unserer Eltern zum Zeitpunkt der Empfängnis und die folgenden neun Monate hindurch wird ebenfalls eine direkte Wirkung auf uns ausüben. Der Zeitpunkt unserer Geburt ist von Bedeutung – es ist ein sehr großer Unterschied, 1982 oder 1902 geboren zu sein.

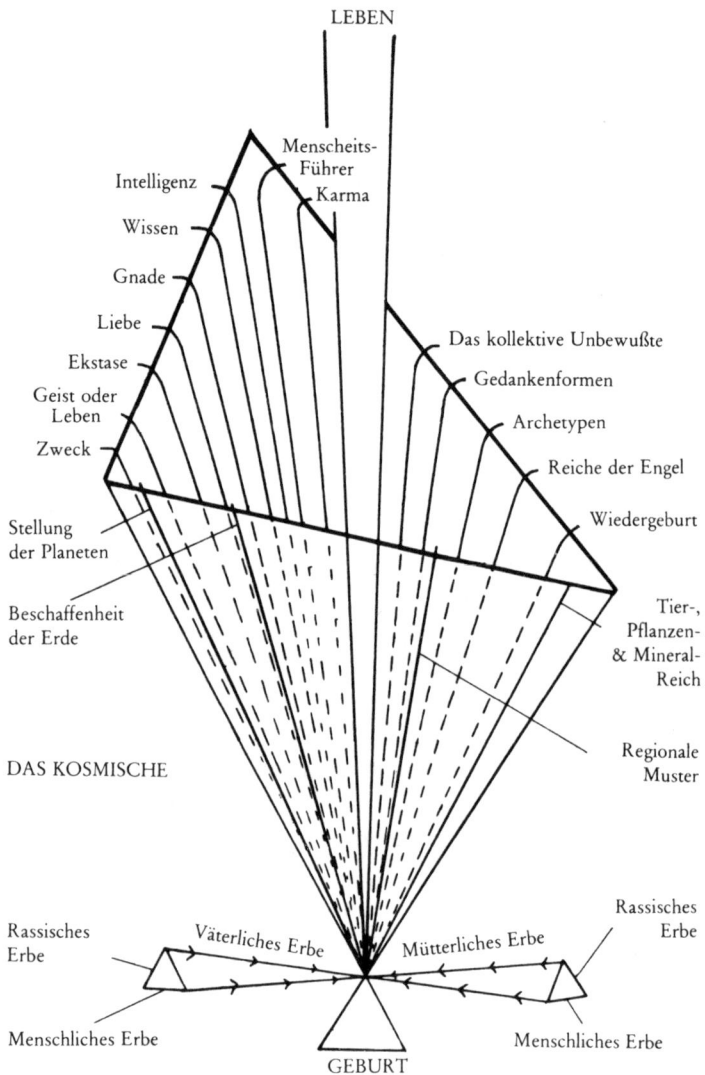

8 *Materielle und nicht-materielle Einflüsse*

Die genetische Struktur unserer Eltern bringt unser körperliches Sein hervor, wobei die Gene zutreffend die Bausteine unserer Materie genannt werden. Wenn wir unser Backsteinhaus anschauen, sehen wir nicht nur die Wände und Grundmauern, sondern auch die Räume, die von den Mauern eingeschlossen werden. Diese Zwischenräume, die Zimmer und ihre Ausmaße, werden ebenfalls den Bewohner beeinflussen. Also gibt es nicht-materielle Einflüsse, die genauso gegenwärtig aber schwerer zu erklären sind als die materiellen.

Nicht-materielle Einflüsse

Es gibt drei verschiedene Arten: Einflüsse menschlicher, kosmischer und universaler Art.

Die Einflüsse menschlicher Art, die wir vorfinden, sind entweder vom Menschen erkannt oder geschaffen oder arbeiten im Geist, ohne daß wir ihrer notwendigerweise gewahr sind. Dazu gehören unter anderem die Archetypen und das Kollektive Unbewußte, die der Mensch insbesondere während des 20. Jahrhunderts studiert hat; vom Menschen geschaffene Gedankenformen, die Reiche der Engel und die Menschheitsführer, seien es Meister, Heilige oder Propheten, von denen man glaubt, daß sie den harmonischen Fortschritt der menschlichen Evolution überschauen; Karma und Wiedergeburt, die ein Ausdruck des universellen Gesetzes von Ursache und Wirkung sind.

Die Archetypen sind Urformen oder Eigenschaften, die sich im Menschen durch seine Psyche ausdrücken und die Art und Weise formen, in der sein unbewußter Geist arbeitet. Das Kollektive Unbewußte ist die Erinnerung an unseren Evolutionsprozeß, die von der ganzen Menschheit geteilt wird, und wirkt auf das Verständnis des Menschen von seiner Wirklichkeit im Hier und Jetzt.

Gedankenformen sind Schöpfungen des menschlichen Geistes über oder um ein Geschehen oder Ereignis; durch Gedankenkraft können diese Schöpfungen ein eigenes Leben annehmen und sich sogar auf Menschen auswirken, die selbst gar nicht mit diesen Ereignissen verbunden sind. „Wie du denkst, so sollst du werden." Aktivität ist eine bloße Erscheinungsform der Gedanken.

Die Reiche der Engel und die Menschheitsführer werden als Energieformen erkannt, die von einer höheren Dimension aus wirken, als die, auf der sich der Mensch bewegt. Als solche bilden sie die hierarchische Struktur der Weltregierung, die den Menschen inspiriert und ihm bei der Entfaltung seines Evolutionsprozesses hilft.

Karma ist ein Ausdruck des Gesetzes von Ursache und Wirkung, wonach es keinen Gedanken, keine Handlung oder kein Ereignis ohne ein darauffolgendes Ergebnis geben kann. Da alles im Universum Energie unterschiedlicher Intensität ist, folgt daraus, daß selbst ein Gedanke eine Welle von Energie ist, vergleichbar einem Wellenring auf einem Teich. Mit Karma ist die Auffassung verbunden, daß Energie von einem Leben zum anderen fließt, die Auffassung von Wiedergeburt und Reinkarnation. Danach beeinflußt das, was wir in einem Leben tun, die Qualität und die Ereignisse des nächsten Lebens, genauso wie das, was wir an einem Tag tun, den Verlauf des folgenden Tages beeinflußt.

Die Einflüsse kosmischer Art, die wir vorfinden, werden ebenfalls vom Menschen erkannt, aber als Kräfte, die von außen wirken und nicht unbedingt seiner Kontrolle unterliegen. Dazu gehören die Stellung der Planeten, die Beschaffenheit des Planeten Erde, regionale Muster und das Tier-, das Pflanzen- und das Mineralreich.

Es gibt den weitverbreiteten Glauben, daß die Stellung der Planeten zum Zeitpunkt unserer Geburt einen bestimmten Einfluß auf uns ausübt. Danach ist Astrologie das Studium der Sternkarten unter diesem Aspekt. Astrologen vertreten den Standpunkt, daß uns die Stellung der Sterne zum Zeitpunkt der Geburt eine Landkarte der Seele bietet, und daß sie uns helfen kann, unsere Möglichkeiten zu erkennen, wenn wir sie feinfühlig benutzen. Man hat beobachtet, daß viele unserer Charakterzüge, die dem Tierkreiszeichen entsprechen, in denen die Planeten sich zum Zeitpunkt der Geburt befanden, den Charakterzügen anderer Menschen gleichen, die unter einer ähnlichen Stellung der Gestirne geboren wurden. Auf ähnliche Weise spiegeln sich die Muster der individuellen und der kollektiven Seele im Tierkreis wider. Ein Beispiel ist der Übergang vom Fische-Zeitalter zum Wassermann-Zeitalter.

Die Beschaffenheit des Planeten Erde schließt die Phasen der Umwandlung mit ein, die der Planet durch die Verschiebung seiner Pole und seiner Kontinente erfahren hat. Diese Phasen und der Einfluß von Sonne und Mond werden von uns empfunden, weil wir auf der Erde leben und weil unser Körper aus denselben Elementen gemacht ist wie unser Planet: Erde, Wasser, Feuer und Luft. Der Menstruations-Zyklus folgt oft dem 28tägigen Mond-Zylus.

Regionale Muster stehen in Bezug zu besonderen Einflüssen, die von jedem Gebiet der Erde ausgehen. Als ein lebender Körper erfüllt die Erde verschiedene Funktionen, deshalb braucht und gebraucht sie verschiedene Energien. Die Energie in Zentralafrika bringt eine andere Art von Gewahrsein hervor als die Energie der britischen Küsten. Reisende bemerken oft deutlich, wie verschieden sich jedes Land oder jede Gegend anfühlen kann und wie sie davon beeinflußt werden.

Die Wechselwirkung zwischen dem Tier-, Pflanzen- und Mineralreich bewirkt ein dynamisches Gleichgewicht in der Umgebung. Diesen Reichen ist ein Bewußtsein zu eigen, mit dem der Mensch Verbindung aufnehmen kann, wie zum Beispiel mit Naturgeistern und *Devas*. Die Arbeit dieser Bereiche wirkt sich wohltuend auf den Menschen aus, zum Beispiel in den Wäldern, die Sauerstoff produzieren.

Die Einflüsse universaler Art, die wir vorfinden, sind jene Zustände, die der Mensch über seine normale Wirklichkeitserfahrung hinaus erleben kann. Gewöhnlich sehen wir Wirklichkeit so, wie sie sich in Materie, Zeit und Raum ausdrückt. Darüber hinaus, doch immer mit uns verbunden, finden wir Zweck – Intelligenz als die höchste Form geistiger Energie und den Zustand von Wissen – Liebe als den Zustand von

Güte und Ekstase, als das reinste Gefühl – und Geist oder Leben als den Ausdruck absoluter Energie.

All diese Einflüsse sind wie Musiknoten, aber die Musik selbst, das Wesentliche, der Klang, ist Leben.

Wie und warum diese Einflüsse sich auf uns auswirken, ist nicht immer leicht zu verstehen; wir müssen aus unserem gewohnten Bezugsrahmen heraustreten und von unserer normalen Auffassung von Zeit und Raum auf eine höhere Betrachtungsebene gehen. Zuerst wollen wir betrachten, wie diese Einflüsse Gestalt annehmen.

Ein Vergleich mit der Elektrizität kann hier helfen. Die Lebenskraft gleicht dem Strom in einem Generator. Damit diese elektrische Kraft als Energie verfügbar wird, muß ihre Spannung durch einen Transformator vermindert oder verlangsamt werden. Die Energie kann nur aufgrund des Widerstandes zur Wirkung kommen, den der Transformator der größeren elektrischen Spannung entgegensetzt. Genauso ist Leben bereits vor der Empfängnis vorhanden, damit es aber in uns als Materie Gestalt annehmen kann, muß die Schwingungsfrequenz seiner Energie vermindert werden. Diese Verlangsamung zieht dann die Einflüsse an, die den Widerstand gegenüber der stärkeren Lebensspannung darstellen.

Unsere Eigenschaften schlagen sich zum Zeitpunkt der Empfängnis in der materiellen Welt als Anlage nieder, und diese Anlage verwirklicht sich mit der Entwicklung des Embryos. Auf der körperlichen Ebene zum Beispiel liegt in der ersten einzelnen Zelle die Anlage für die Bildung der Augen und ihrer Farbe, die Fähigkeit zu sehen und eine bestimmte Art des Sehvermögens. Später entfaltet sich die Anlage der ersten Zelle gemäß ihrer Programmierung. Etwas Ähnliches geschieht auf einer abstrakteren Ebene mit den nicht-materiellen Einflüssen.

Dies wird deutlicher, wenn wir uns vorstellen, daß wir zur Empfängnis mit einer Tasche voll gemischter Saat ankommen, die wir während der folgenden neun Monate anpflanzen. Ein Winterkohl wird nicht zur selben Zeit gepflanzt wie ein Frühlingssalat. Der konkrete Zeitpunkt, wenn sich die Einflüsse niederschlagen, bestimmt den Charakter der späteren Eigenschaften und Schwierigkeiten. Die Saat wächst dann entsprechend ihrer Jahreszeit zu Pflanzen heran, von denen einige zur Reifung Jahre brauchen.

Wir wollen uns an den Vergleich mit dem Fluß und den Felsbrocken erinnern. *Abbildung Nr. 9* zeigt zwei Quellflüsse, die an einem Punkt zusammentreffen. Sie stellen die Eltern dar, die sich zum Zeitpunkt der Empfängnis begegnen, und die ihr menschliches, rassisches und individuelles Erbe mitbringen. Ihr Zusammenkommen ermöglicht den nicht-materiellen Einflüssen, sich in Materie, in der ersten Zelle zu verankern. Der vereinigte Fluß schwillt allmählich zum Strom an und mündet zum Zeitpunkt der Geburt ins Meer. Die Felsbrocken in Fluß und Strom bilden die „Verhaftungen in der Zeit", unsere Potentiale für die Zukunft. Mit der nötigen Zeit kann ein kleiner Kiesel auf dem Grunde eines Flusses allerlei Arten von Hindernissen anhäufen, und bald ist ein ganzer Berg entstanden, der sogar die Oberfläche des Flusses durchbrechen kann. Erst wenn dies geschieht, erkennen wir körperliche Krankheiten, wenn unser „glattes Äußeres" zerzaust ist. Doch das Problem begann eigentlich lange Zeit davor und ging durch viele verschiedene Stadien, bevor es körperlich in Erscheinung trat, und der ursprüngliche Kieselstein ist nun gut vergraben. Diese Kieselsteine stellen unsere negativen und positiven potentiellen Qualitäten dar. Wenn wir das Schaubild betrachten, können wir sehen, auf welcher Ebene und wo sie in Erscheinung treten, sind uns dabei aber dessen bewußt, daß dies nur ein intuitiver Versuch ist, einige der Einflüsse einzuordnen. Wir sehen uns die Eigenschaften auf dem Schaubild als Möglichkeiten und nicht als entwickelte Seinszustände an.

Das Schaubild beschreibt die Entsprechung des Praenatal-Musters zu den Einflüssen auf den Ebenen von Körper, Geist, Gefühl und Verhalten. Es ist eine Zusammenstellung einiger Merkmale, die uns betreffen und die wir auf einer oder mehreren der oben angeführten Ebenen ausdrücken. Wieder müssen wir dabei bedenken, daß wir einen Teil und nicht das Ganze betrachten.

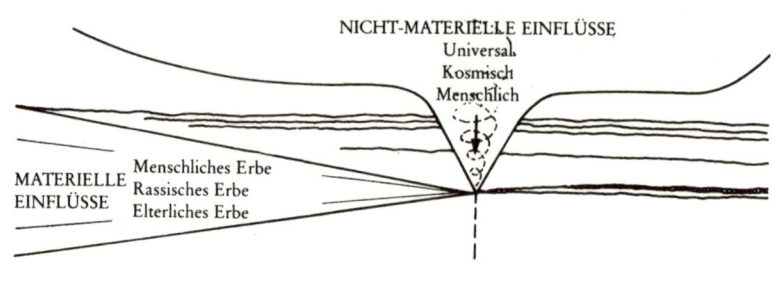

	PRAENATAL-MUSTER	VOR-EMPFÄNGNIS	EMPFÄNGNIS	NACH-EMPFÄNGNIS 1.–22. Woche
KÖRPER		Kopf, Zirbel- und Hirnanhangdrüse, Blindheit, Taubheit, Migräne, Hirnschaden, Epilepsie, Schnupfen, Erkältung, Zähne, Nasennebenhöhlen, Hirnhautentzündung, Multiple Sklerose	Nacken, 1. Brustwirbel, Schilddrüse, Mandeln, Sprachfehler, Stummheit, Drüsen	Brust, 1.–10. Brustwirbel, Kyphose, Lungen, TB, Bronchitis, Husten, Herzkrankheiten, Angina, Asthma, Brustkrebs, Brustfellentzündungen, steife Schulter, Lungenentzündung
VERSTAND		Wissen, Intelligenz, Kraft, Geist, Lebenszweck, Weisheit, Wahrheit, Behinderung, Autismus, Mongolismus, Gedankenverwirrung, Kraftlosigkeit	Verstehen, Energie, Glaube, Ordnung, Bewußtsein, Unbekannte Ängste, Anormale Verrücktheit und Genialität, Lese- und Rechtschreibschwäche, Inneres Chaos, Schizophrenie, Ignoranz, Auf-Splitterung	Gewißheit, Überzeugung, Heiterheit, Versunkensein, Verpflichtung, Psychose, Nach innen gewandte Energie, die negativ wird, Selbstsucht, Mangel an Verbindlichkeit, Implosion, Depression, Introversion
GEFÜHL		Verlassenheit, Friede, Ekstase, Leidenschaft, Gnade, Ehre, Opfer, Kälte, Verlust, Isolation, Totales Chaos	Intuition, Hingabe, Eifer, Festigkeit, Traurigkeit, Zurückhaltung, Verwirrung, Angst, Orientierungslosigkeit, Rückzug, Antriebslosigkeit	Leidenschaft für das Leben, Ausstrahlung, Zärtlichkeit, Kummer, Wertlosigkeit, Frustration, Verdrossenheit, Ablehnung seiner selbst, Angst vor Zurückweisung
VERHALTEN		Mystik, Meditation, Wandlungsfähigkeit, Gefühllosigkeit, Einsiedelei, Askese, Großartigkeit, Zwittertum, Führerschaft, Mörder, Gewalt, Despot	Moralität, Integration, Vertrauen, Gewissenhaftigkeit, Richtungssinn, Sinn für Einheit, Reinheit, Überspanntheit, Beziehungslosigkeit zum Körper, Richtungslosigkeit, Mangel an Vertrauen, Isolation, Skrupellosigkeit, Amoralität	Strenge, Angemessenheit, Spontanität, Fähigkeit zu fühlen, Aufrichtigkeit, Ewiger Jugendlicher, Ideenfülle ohne sie ausdrücken zu können, Selbstbestrafung, Masochismus

9 Schaubild der Entsprechungen des Praenatal-Musters zu den Einflüssen auf den Ebenen von Körper, Geist, Gefühl und Verhalten

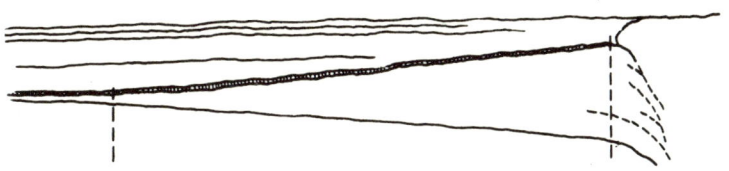

BEGINNENDE BEWEGUNG 18-22. Woche	VOR-GEBURT 18.-38. Woche	GEBURT
Solarplexus, 8.-10. Brustwirbel, Magen, Geschwüre, Gicht, Gelbsucht, Leberentzündung, Leber, Gallenblase, Gallensteine, Milz, Bauchspeicheldrüse, Diabetes	Unterleib, 10. Brustwirbel bis Steißbein, Darmstörungen, Divertikulitis, Verstopfung, Blasenentzündung, Harnblase, Nieren, Vorsteherdrüse, Unfruchtbarkeit, Wechseljahre, Blinddarm, Fortpflanzung	Geschlechtsorgane, Steißbein, Impotenz, Frigidität, Orgasmus, alle Geschlechtskrankheiten, Hämorrhoiden
Gewahrsein, Hoffnung, Bejahung, Anteilnahme, Nervenzusammenbruch, Schüchternheit, Angst vor dem Unbekannten, Angst vor der Wirklichkeit, Phantasie, Grillenhaftigkeit	Moralität, Stärke, Geduld, Verstehen, Fähigkeit, Wachstum, Unmoral, Neurose, Extraversion, Verfolgungswahn, Jenseitigkeit, Materialismus, Faulheit	Mut, Potenz, Sicherheit, Furchtlosigkeit, Vertrauen, Depression, Abwehrhaltung, Mangel an Ideenverwirklichung
Wärme, Empfindsamkeit, Weichheit, Ruhe, Ängstlichkeit, Auffassungsvermögen, Unfähigkeit Gefühle auszudrücken, Schuld, Ungeduld	Herzlichkeit, Mitleid, Ergebenheit, Großzügigkeit, Nächstenliebe, Sympathie, Hysterie, Mutlosigkeit, Ärger über andere, Kälte, Panik, Lust, Neid, Zurückweisung der anderen, Gier	Freude, Liebe, Ausdehnung, Wut, Schrecken, Angst, Gram
Ausgeglichenheit, Gewißheit, Begeisterungsfähigkeit, Mitteilungsfähigkeit, Versöhnlichkeit, Sanftheit, Wetterwendigkeit, Ungewißheit, Furcht vor Bindung, Reserviertheit, Neutralität, Zögern, Zweideutigkeit, Ausdehnungstrieb	Verantwortlichkeit, Unterstützungsbereitschaft, Freundlichkeit, Fürsorge, praktische Veranlagung, fruchtlose Beziehungen, Mißtrauen, Unverantwortlichkeit, Launenhaftigkeit, Hedonismus, Beamten-Syndrom (das Bedürfnis letztendlich Verantwortung von sich abzuwälzen), Ungeschicklichkeit, Eifersucht, Märtyrer, Sadismus, Stumpfheit, Rückschlag in Eigenschaften der Ahnen, Gewinnsucht, Verleumder	Freiheit, Lachen, Offenheit, Geerdetsein, Empfänglichkeit, extreme Faulheit oder Aktivität, Selbstschutz, Selbstbewahrung

Wenn es für unser Leben hier auf Erden einen kosmischen und einen individuellen Zweck gibt, dann erreichen wir diesen Zweck auf die eine oder andere Weise mit den jeweiligen Wesensmerkmalen, die wir angezogen haben. Wir müssen erkennen, daß wir gewöhnlich zulassen, Spielball dieser Einflüsse zu sein; dabei liegt es bei uns, sie umzuwandeln. Wir können zum Beispiel unter beachtlichem Streß arbeiten und einen Herzanfall erleiden, doch wenn wir gelernt hätten, unser Befinden zu erkennen, und uns entspannt hätten, wäre der Herzanfall vielleicht nicht nötig gewesen. Wenn wir die Metamorphische Methode anwenden, können wir durch die Einflüsse hindurcharbeiten, indem wir auf die Lebenskraft hinzielen, die jenseits von ihnen liegt. So erkennen wir, daß es uns möglich ist zu wählen, ob wir uns von ihnen bestimmen lassen oder nicht.

Um manche Lektionen zu lernen, braucht es ein ganzes Leben, aber man darf nicht vergessen, daß Einflüsse lediglich Erscheinungsformen von Leben sind. Hinter jedem einzelnen von ihnen gibt es Leben und die Möglichkeit für Bewegung und Wandlung. Lernen vollzieht sich in der Zeit. Wenn wir unsere Aufmerksamkeit auf den Augenblick in der Zeit richten, in dem die Einflüsse erstmalig festgelegt wurden, können wir sie mit dem Lernprozeß verknüpfen, so daß der Zweck erkannt wird und die Einflüsse unnötig werden. Durch die Metamorphische Methode vollzieht sich das Lernen außerhalb von Zeit. Es ist möglich, daß dies weder erkannt wird, noch auf einer bewußten Ebene vor sich geht.

MOTIVATION

Das Werk zu tun sei dein Beruf,
Nicht kümm're dich's, ob es gelang,
Begehre nie der Taten Frucht,
Doch fröne nicht dem Müßiggang.
BHAGAVAD GITA[19]

Wir wollen uns noch mal unser Haus ansehen und uns vorstellen, daß es viele verschiedene Räume hat, deren Türen mit Aufschriften versehen sind: Körperliches Gebrechen, Geistige Behinderung, Verhaltensstörungen, Trauma, Besessenheit usw. Man kann das Haus mit einem Menschen vergleichen, der an einer oder mehreren dieser Störungen leidet. Normalerweise wird ihm von einem Arzt, Therapeuten oder Heiler geholfen, der einen dieser Räume betritt und darin einen „Frühjahrsputz" veranstaltet, indem er die Störung mehr oder weniger wirkungsvoll behandelt. Heilung irgendeiner Art geschieht in dem Raum, allerdings ist sie durch das fachliche Können des Behandlers oder durch den faktischen Anwendungsbereich der Behandlung begrenzt. Unabhängig von ihrer Form ist die Behandlung offensichtlich von großem Wert, da sie hilft, die Symptome, den Schmerz und die Heftigkeit der Krankheit zu lindern.

Als Behandler der Metamorphischen Methode arbeiten wir auf eine andere Weise. Wir gehen überhaupt nicht in das Haus hinein. Vielmehr bleiben wir an der Eingangstür und stoßen sie auf; so können wir das Haus als ein Ganzes betrachten und nicht als eine Ansammlung von Räumen; die Luft in dem Haus hat dann die Möglichkeit, sich zu erneuern und alle Räume gründlich zu durchlüften. Auf diese Weise kann die frische Luft, oder die Lebenskraft, überall im Gebäude Ausgeglichenheit und Harmonie wiederherstellen und nicht nur in einem bestimmten Raum. Als Behandler geben wir der Lebenskraft weder eine Richtung noch zwingen wir sie, irgend etwas zu tun; wir drängen ihr nichts Bestimmtes auf. Statt dessen treten wir in den Hintergrund, so daß sie genau das tun kann, was sie als notwendig erkennt.

Unser An-der-Tür-Stehenbleiben ist, mit anderen Worten, das Lockern eines Zeitgefüges. Alle Wesensmerkmale, an denen wir arbeiten, sind Verhaftungen in der Zeit. Indem wir also unsere Aufmerksamkeit auf die Zeit richten, in der sie festgelegt wurden, können sie zugleich mit dem, was sich seither um sie herum angesammelt hat, aufgelöst werden.

Die Auflösung dieser Verhaftungen wird von der Lebenskraft des Patienten geleistet. Leben ist nicht an Zeit, Raum oder Materie gebunden, so daß die Arbeit „außerhalb von Zeit" getan werden kann, und das ist die Einzigartigkeit dieser Methode. Aus diesem Grunde ist es für den Behandler wesentlich, „nicht im Wege zu stehen". Wenn er sich in die Arbeit miteinbezieht, kann sie nicht „außerhalb von Zeit" stattfinden, sie wird dann nur zu einer weiteren Form von Therapie. Um dies zu vermeiden, ist es wichtig, die Motivation des Behandlers anzusehen.

Motiviert zu sein heißt, eine Zielrichtung zu haben oder zu bestimmen. Der Wunsch eines Therapeuten oder Heilers: zu heilen, wird die Energie des Patienten in Richtung auf Linderung seiner Leiden lenken. Dies gilt genauso für den Arzt, der Tabletten verschreibt, wie für den Heiler, der sich als „Kanal" göttlicher Energie begreift. Die Symptome werden in mehr oder weniger verfeinerter Form behandelt. Das ist ein normales und verständliches Vorgehen, denn wenn ein Patient einen Behandler aufsucht, kommt er normalerweise mit einer Absicht: Er möchte Heilung für ein körperliches Gebrechen, vielleicht hat er eine geistige Störung, oder er steht unter Anspannung. Er sucht Hilfe für seine Störung, entsprechend zielt die Behandlung auf Erleichterung, und diese kann auch erreicht werden. Die Ursache des Leidens kann ebenfalls verringert werden, aber die Verantwortung des Patienten für sein Entstehen ist noch da. Mit Ausnahme des Wunsches, daß es ihm besser gehen möge, hat er mit der Heilung sehr wenig zu tun. Er kann die Störung unbewußt auf andere Weise wieder entstehen lassen, bis die Botschaft verstanden wird, die der Körper durch die Krankheitszeichen vermittelt, und der Zweck des jeweiligen Leidens erkannt ist. Dieses Wieder-Entstehenlassen der Störung kann vorkommen, wenn die Heilung *für* den Patienten und nicht *von ihm selbst* vollzogen wird. Hier können wir sehen, was geschieht, wenn die Spitze eines Kieselsteinberges in einem Fluß entfernt wird, und nicht die Steine, die auf dem Grund liegen. Eine Zeitlang gibt es wieder ruhiges Wasser, doch der Steinhaufen ist unter der Oberfläche immer noch da und sammelt alsbald mehr Steine an, um den Berg neu entstehenzulassen und die Oberfläche wieder zu durchbrechen.

In der Metamorphischen Methode verfolgen wir nicht das Ziel, einzelne Störungen in den Brennpunkt zu stellen; wir richten unsere Aufmerksamkeit auf den Patienten als Ganzen. Wir sind der Symptome oder Einflüsse vielleicht gewahr, aber wir wissen, daß sie nur dazu da sind, einen Energiestau aufzudecken. Wir versuchen nicht zu entscheiden, was der Patient braucht oder wie wir ihm helfen können. Unser Verständnis seiner Störung kann nur aus unserem eigenen Geist kommen, der genauso begrenzt ist wie der seine; deshalb wird jede Hilfe, die wir jemandem vielleicht anbieten wollen, auch begrenzt sein. Wenn wir etwas tun wollen, damit es jemandem besser geht, können wir nicht umhin, bewußt oder unbewußt eine Vorstellung davon zu haben, wie es für ihn sein könnte, gesund zu sein. Damit würden wir die Bewegung des Patienten in Richtung auf gute Gesundheit auf das einengen, was wir unter guter Gesundheit verstehen.

Wenn wir motiviert sind, wenn wir bestrebt sind, den Energiefluß des Patienten zu lösen oder in eine Richtung zu lenken, wenn wir denken, wir wissen, was der Patient braucht, dann zwingen wir seine Lebenskraft in der Tat, das zu tun, was wir für ihn als richtig empfinden. Die Frage ist: Wie könnten wir wissen, was richtig ist? Wie könnten wir eine bessere Vorstellung von der Wandlung haben, die für den Patienten notwendig ist, als seine eigene Lebenskraft? Behandler und Patient sind gleichermaßen den Grenzen ihres Verständnisses unterworfen. Wie erfahren ein Behandler auch immer sein mag, er kann nie wirklich wissen, was richtig ist; nur die Lebenskraft des Patienten weiß das.

Es ist etwas schwierig, dies zu verstehen. Während einer Behandlung, gleich welcher Art, befindet sich der Patient in einer ungeschützten Lage, in der er leicht beeinflußt werden kann. Der Behandler hat gewisse Vorstellungen vom Zustand des Patienten und könnte seinen Willen geltend machen. Ein Leiden oder ein Energiestau kann geheilt werden, aber möglicherweise um den Preis, in den Lebensprozeß einzugreifen, der in seinem eigenen Zeitmaß durchaus zur Heilung fähig ist. Dieses eigene Zeitmaß ist, im Gegensatz zu einem von außen auferlegten, absolut richtig. Die Lebenskraft des Patienten kann sich sogar dem Willen des Behandlers direkt widersetzen und dadurch kann ein Stillstand oder sogar ein Schaden eintreten. Mit anderen Worten, wir sind alle unvollkommen, bis wir den Zustand letzter Vollkommenheit erreichen. Wenn wir unsere eigenen Unzulänglichkeiten denen eines anderen hinzufügen, kann eine Heilung dabei herauskommen. Wir arbeiten damit aber nicht auf Vollkommenheit hin; andere Unvollkommenheiten werden sich offenbaren.

Aus diesem Grund bestimmten die Behandler in der Metamorphischen Methode keine Richtung. Das Leben des Patienten gehört ihm selbst, und man muß ihm den Raum zugestehen, in dem er für sich selbst volle Verantwortung übernehmen kann. Nur er kann, wenn notwendig, den Sinn und Zweck hinter seinen eigenen Energieblockaden aufdecken. Diese Verantwortlichkeit muß nicht als eine „Pflicht" gesehen werden, sondern als eine Fähigkeit, uns uns selbst und der Welt zu stellen. Wenn wir erkennen, daß wir voll verantwortlich dafür sind, wer und was wir vom Zeitpunkt der Empfängnis an sind, und wenn unsere Fähigkeit, uns dem zu stellen, gewachsen ist, dann rückt unsere Fähigkeit, uns selbst zu heilen, einen Schritt näher.

Der Behandler ohne Motivation ist ein Katalysator. Er wird ein um so besserer Katalysator sein, je absichtsloser er ist. Es ist dasselbe wie die Art und Weise, in der die Erde ein Katalysator für ein Samenkorn ist. Für die Erde ist es völlig belanglos, was das Samenkorn ist, oder wann die Pflanze daraus hervorgehen wird; aber sie handelt als ein Katalysator, damit dies geschehen kann. Die Samenkraft setzt die Fähigkeit der Pflanze frei, entsprechend ihrem eigenen inneren Programm zu wachsen, sich zu entwickeln und zu blühen. Das Samenkorn gebraucht die Erde in seinem eigenen Zeitmaß. Die Erde erschafft nicht die Pflanze, sie erlaubt der Samenkraft, von ihr Gebrauch zu machen. Das Samenkorn braucht Wochen, Monate oder vielleicht Jahre um zu wachsen. Die Erde beschäftigt sich nicht mit Zeit. Das Wachstum des Samenkorns geschieht also aus seiner Mitte heraus, es wird nicht von der Erde bestimmt.

Wie die Erde kein Motiv hat, so hat auch der Behandler der Metamorphischen Methode kein Motiv. Er ist lediglich ein Katalysator, der nicht den Wunsch hat, dem Patienten zu helfen, ihn zu heilen oder zu beeinflussen. Die Lebenskraft des Patienten wird auf die Wandlungen hinweisen, von denen sie weiß, daß sie notwendig sind, und das sind Wandlungen, die von innen kommen. Seine Lebensenergie, seine Leidenschaft für das Leben, all das, was Menschsein ausmacht, wird dahingehend arbeiten, Wandlung herbeizuführen, um Ausgeglichenheit und Ganzheit in ihm zu gewährleisten. Wie das Samenkorn hat auch der Patient die Anlage zum Wachstum, und dieses Wachstum in ihm ist einzig, niemand anderes kennt es. Wie die Erde den Bedürfnissen des Samenkorns entgegenkommt, indem sie einfach da ist, so kommt der Behandler den Bedürfnissen der Lebenskraft des Patienten entgegen, indem er einfach da ist. Er bestimmt nichts. Er stellt einfach die Lebenskraft in den Brennpunkt. Leben hat eine Wachstumsrichtung, die Richtung der Ausdehnung, und ist ein unbegrenztes Potential, das nach Verwirklichung strebt.

Wir können also sehen, wie wichtig es für den Behandler ist, sich über seine Motivation im Klaren zu sein.

Viele von uns verbringen ihre Zeit damit, die Ursachen ihrer Störungen mit Hilfe von Therapie, Analyse oder sogar spirituellem Heilen zu suchen. Indem wir Ursache und Wirkung auf diese Weise betrachten, versetzen wir uns selbst in eine Welt von Symptomen und Gründen – und noch mehr Gründen, in eine Welt, die sich in der Materie und innerhalb ihrer Begrenzungen bewegt. Ob wir die Ursache betrachten oder die Wirkung, wir sind gefangen in einem nie endenden Kreislauf.

Das Praenatal-Muster reicht über Ursache und Wirkung, über Materie, Zeit und Raum hinaus, bis vor die Empfängnis. Wir gehen davon aus, daß das Leben dort zum ersten Mal die verschiedenen Einflüsse an sich zieht, die sich später in der Materie niederschlagen. Diese Einflüsse lassen sich in Erscheinungsformen erkennen, die einen weiten Bogen umspannen: von geistiger Behinderung zu Genialität, von Gefühlstiefen zu Ekstase, von Unfallneigung zu körperlicher Gesundheit. Aber mit diesen Einflüssen, die vom Gesetz von Ursache und Wirkung bestimmt werden, beschäftigen wir uns nicht direkt; wir schauen auf den Zweck, der jenseits von ihnen liegt, und auf das Potential, das sie zu verwirklichen helfen. Es ist ein Potential zu einem Sein ohne Blockierungen, das nicht von Verhaftungen in der Zeit oder von Einflüssen aus der Vergangenheit beherrscht wird. Es ist ein Potential zu größerem Gewahrsein, zu höherer Entwicklung. Das Bewußtsein des Behandlers wirkt sozusagen als Brücke zwischen dem, was sich außerhalb von Zeit befindet: unserem Gesamtpotential und dem, was innerhalb von Zeit ist: unserem gegenwärtigen Zustand.

Ohne Motivation sein heißt, Gelassenheit zu wahren, aber das bedeutet nicht, daß der Behandler kalt oder gleichgültig ist. Er ist der Bewegung von Energie der Krankheitszeichen, Leiden und Störungen in den Patienten gewahr und kann voller Einfühlungsvermögen für das sein, worunter sie gerade leiden. Doch dieses Leiden ist nicht sein Hauptanliegen, vielmehr das Leben jenseits davon. Eine der Bedeutungen des

Begriffs *detachment* (Gelassenheit, Abstand wahren) ist, jemanden mit einer Mission zu betrauen. In diesem Sinne betraut der Behandler den Patienten mit dessen eigener Mission, da er weiß, daß die Lebenskraft des Patienten ihn richtig weisen wird.

Die Praxis der Gelassenheit besteht darin, die Tatsachen, ob es um seine Füße oder um den Menschen selbst geht, festzustellen, ihre Gegenwart anzuerkennen, sie zu belassen und das Wissen um sie loszulassen. Der Behandler erkennt, daß die Energie oder die Kraft der Tatsache selbst ausreicht, um sie umzuwandeln, wie die Kraft im Samenkorn in der Lage ist, es in eine Pflanze zu verwandeln. Die Energie kann auch notwendige Faktoren anziehen, die dem Patienten helfen können, die Tatsachen zu mildern oder umzuwandeln wie ein Samenkorn Erde, Feuchtigkeit und Sonnenschein benutzt.

Wie die Erde dem Samenkorn gegenüber unparteiisch ist, so arbeitet der Behandler mit Unparteilichkeit gegenüber den Leiden oder Schwierigkeiten des Patienten. Unparteilichkeit meint hier eine Haltung, die keine Partei ergreift, nicht von Neigungen bestimmt ist, ohne Hang dazu, eine Sache einer anderen vorzuziehen, d. h. neutral. Jedoch ist ein Grundzug der menschlichen Natur die Eigenschaft der Sorge, die bereits vor der Geburt in uns festgelegt wird. Während der Phase der Nach-Empfängnis, unserer gestaltbildenden Zeit, haben wir zugleich mit unserer Individualität unsere Verpflichtung dem Leben gegenüber entwickelt. Die treibende Kraft hinter dieser Verpflichtung ist unsere Leidenschaft für das Leben. Während der Phase der Vor-Geburt öffneten wir uns der Welt um uns herum, erforschten unsere Umgebung und bereiteten uns auf unsere zukünftigen Beziehungen mit Menschen und den Reichen der Natur vor. Die Leidenschaft für das Leben ist hier ausgedrückt als Mit-Leidenschaft, ein Gefühl von Eins-Sein mit anderen. Aus dem Bewußtsein, daß er selbst Mit-Leidenschaft ist, teilt der Behandler seine eigene Leidenschaft für das Leben mit der des Patienten.

Diese Fähigkeiten, Gelassenheit zu bewahren und mit-zuleiden kann man bei Eltern beobachten, wenn sie ihrem Kind beim Laufenlernen zuschauen. Das Kind richtet sich auf, versucht zu laufen und fällt viele Male hin. Wenn sie immer zu Hilfe eilen, wird es nie selbständig laufen lernen. Das Kind hat die Fähigkeit zu laufen, und die Eltern wissen das; sie wissen auch, daß sie das Kind auf seine eigene Weise lernen lassen müssen, obwohl sie sich danach sehnen zu helfen. Sie stehen daneben und bleiben gelassen, wahren Abstand, während sie voller Liebe und Mit-Leiden sind. Der Impuls zu helfen ist wahr und wertvoll. Die wahre Hilfe jedoch besteht im Nicht-Handeln.

Diese Haltung des Nicht-Eingreifens ist oft verwirrend, weil wir offensichtlich davon erfüllt sind zu handeln, denn sonst hätten wir von Anfang an keine Motivation, die Metamorphische Methode anzuwenden. Der Impuls zu helfen hat seine Gültigkeit, doch sobald wir mit der Arbeit beginnen, lassen wir diesen Impuls fahren. Wir bestimmen nicht, welches Ergebnis diese Hilfe haben könnte. Wenn wir eine andere Person körperlich berühren, findet ein Energieaustausch statt. Daher läßt sich sagen, daß der Behandler gar nicht vermeiden kann, den Patienten durch körperliche Berührung direkt zu beeinflussen. Das ist sicher richtig, aber wir dürfen dabei die Geisteshaltung des Behandlers nicht vergessen. Der wichtige Unterschied ist, daß der Behandler nicht *versucht*, den Patienten zu heilen, daß er nicht magnetische Energie als Mittel zur Heilung gebraucht. Körperliche Heilung kann ein Ergebnis der Behandlung sein, wie es bei der Reflexzonen-Massage möglich ist, aber dies ist nur eine wohltuende Nebenwirkung. Das eigentliche Ziel der Behandlung ist es, über alle Ebenen, einschließlich der körperlichen, hinauszugehen.

Wenn wir die Seite eines Fußes berühren, weisen wir durch die verminderte Schwingungsfrequenz der Energie auf die höchste Wirklichkeit hin, die es gibt, auf das Leben selbst. Wir arbeiten mit Zeit und Zeitlosigkeit und die Heilung geschieht, weil der Patient den Verhaftungen in der Zeit nicht länger unterliegt. Die einzige Bedingung hierfür ist die Tatsache, daß es Leben gibt. Wie tief die Verhaftungen auch immer gehen mögen, sie verändern nicht die Bedeutung dieser einen

Bedingung. Wenn wir auf unser Beispiel des Hauses zurückkommen, und uns vorstellen, daß in seinen tragenden Teilen ein Nagel falsch eingeschlagen wurde, dann können wir sagen, daß wir auf den Zeitpunkt weisen, zu dem der Nagel falsch eingeschlagen wurde, da hinter dem Fehler das Bild des vollkommenen Baus liegt.

Wir sind davon ausgegangen, daß es einen Plan für den Menschen, die Stoffe und Einflüsse geben muß, die bei der Erschaffung eines einmaligen Individuums zusammenfließen, damit Leben als ein menschliches Wesen in Erscheinung treten kann, durch das ein einmaliger Zweck erfüllt wird. Wären wir auf der Stufe des Plans stehengeblieben, wäre im Universum nichts gewonnen. Damit Evolution stattfindet, müssen wir zulassen, daß sich dieser Zweck durch uns in Materie darstellt. Deshalb ist es so wichtig, daß der Behandler nicht in den Prozeß eingreift. Wenn er das Leben für den Patienten handeln läßt, ist der Patient in der Lage, von dem Wissen, daß er Leben *hat*, zu der Erkenntnis zu schreiten, daß er Leben *ist*.

Es ist nicht wichtig für uns, viel über diese Methode zu wissen. Man hat bemerkt, daß es manchmal ausreichend ist, wenn ein Mensch im Raum sich ihrer höheren Tragweite bewußt ist, und da diese Bewußtseinsbrücke gegenwärtig ist, wird die Lebenskraft die Blockierungen ohne Schwierigkeiten aus dem Weg räumen. Dies ist in der Geschichte eines geistig behinderten Jugendlichen anschaulich dargestellt. Der Junge hatte einen Großteil seines Lebens am Meer verbracht und war oft barfuß an einem Kieselstrand spazierengegangen. Seine Mutter hörte von der Metamorphischen Methode und ließ sich darin unterweisen. Nach dreimonatigen Sitzungen drückte sie ihr Erstaunen über die wohltuenden Wandlungen aus. „Warum", fragte sie, „haben die Behandlungen mit der Metamorphischen Methode diesen Wandel bewirkt, während das Laufen am Strand dies nicht vermocht hat, obwohl es schließlich auch eine Art von Reiztherapie der Füße war?" Der Unterschied bestand darin, daß durch das erweiterte Gewahrsein der Mutter und der Bereitschaft des Sohnes, Behandlungen zu bekommen, jetzt Bewußtsein einwirkte.

So müssen wir uns unsere eigene Motivation in dieser Arbeit genau anschauen. Wie gelassen können wir sein? Es wird immer Situationen geben, in denen wir danach verlangen, jemandem zu helfen, wenn wir vom Mit-Leiden für ein behindertes Kind überwältigt werden, wenn wir eine Geschichte tiefen Leidens hören, die uns dazu drängt, zu heilen zu versuchen. Krankheit und Schmerz umgeben uns, und jeder mit ein bißchen Gefühl wird irgendwie helfen wollen. Aber die einzige Hilfe, die wir leisten können, ist die des Nicht-Eingreifens, wenn wir erkennen, daß die Heilung von innen heraus geschieht, daß die Lebenskraft das tun wird, was notwendig ist, selbst wenn es zu diesem Zeitpunkt nicht richtig zu sein scheint. Jeder von uns ist einzigartig, jeder von uns muß seinem eigenen Weg folgen, und unsere Lebenskraft kümmert sich darum.

Erscheinungsformen
von Wandlung

Was wir den Anfang nennen, ist oft das Ende,
Und zu beenden, heißt anzufangen.
T. S. Eliot[20]

Wenn wir krank werden und einen Arzt oder Therapeuten aufsuchen, hoffen wir wahrscheinlich auf sofortige Ergebnisse, auf eine Wandlung, die körperlich wahrnehmbar ist (wenn die Krankheit körperlich ist), auf jemanden, der unsere Spannung löst, damit wir etwas Schlaf finden, oder auf jemanden, der unsere aufgewühlten Gefühle besänftigt. Aufgrund dieses „Ergebnissyndroms" suchen wir nach Hilfe von außen und wollen, daß sie sofort wirkt; wir wollen Ergebnisse. Wir haben im Lauf der Jahre weitgehend die Fähigkeit verloren, für unseren eigenen Gesundheitszustand verantwortlich zu sein und haben diese Verantwortung an Menschen abgegeben, die wir nicht einmal kennen. Wir sind erleichtert, wenn es funktioniert, wenn es nicht funktioniert, sind wir frustriert und gehen woanders hin. Meistens sind wir ohne Verbindung zu unserem inneren Selbst. Wir ziehen vor, so zu bleiben, anstatt diese Verbindung wiederherzustellen, und verhindern damit, daß der Zweck der Krankheit klar wird. Wir können zeitweilig geheilt sein, aber nach einer Weile wird der Energiestau – vielleicht in anderer Gestalt – wieder auftauchen.

Jeder kann jedoch eine bewußte Entscheidung treffen, sich selbst zu befreien. Jeder kann gezielt Hilfe suchen, wenn er erkannt hat, was da geschieht. Wenn wir anfangen, Verantwortung für uns selbst zu übernehmen, sehen wir Ergebnisse in einem ganz anderen Licht. Wenn Wandlungen anfangen, Gestalt anzunehmen, erkennen wir, was der KörperGeist uns sagt, verstehen wir, warum wir krank sind und warum die Energiestauungen da sind, und wir hören auf, sie zu unterdrücken – wie ein Wellenreiter auf den Wellen gleitet, anstatt gegen sie zu kämpfen. In der Metamorphischen Methode sehen wir, daß alle Formen von Un-Wohlsein einen Energiestau ans Tageslicht bringen, und daß das Un-Wohlsein aufgelöst ist, sobald der Energiefluß befreit ist. Es kann eine Zeitlang dauern, bis die Heilung offensichtlich wird; Veränderungen mögen vielleicht nicht sofort eintreten, aber sie neigen dazu, dauerhaft zu sein.

Innere Wandlungen werden gewöhnlich als eine feine Umorientierung wahrgenommen, ein wachsendes Gespür für Sinn und Zweck, eine neue Richtung, eine Empfindung von „auf Kurs kommen", ein Gefühl für das Richtige. Ein Patient hat uns folgendes geschrieben: „Ich fühle, wie alte Verhaltensmuster abfallen. In alltäglichen Situationen, wenn ich gerade auf meine gewohnte Art und Weise reagieren will, erlebe ich, daß etwas mich stoppt. Eine Stimme in mir sagt: Halt ein, das ist das alte Verhaltensmuster, wie sieht das neue aus? Dann sehe ich, wie ich auf eine andere Art und Weise reagiere; ein neues Verhaltensmuster kommt zum Vorschein." Manchmal sind sehr eindeutige Wandlungen zu sehen oder zu fühlen, wie bei einem vierjährigen Mädchen, das nach nur wenigen Behandlungen zum ersten Mal in seinem Leben zu laufen anfing; aber oft sind die Wandlungen nicht fühlbar, die Energie bewegt sich auf einer so feinstofflichen Ebene, daß wir ihrer nahezu nicht gewahr sind. Das ist vergleichbar mit dem Versuch, einer Pflanze beim Wachsen zuschauen zu wollen – wir wissen, daß sie wächst, aber wir können nicht wirklich sehen, wie es geschieht. Wir sind vielleicht nicht in der Lage, zum Beispiel die Tatsache, daß wir eine neue Arbeit, ein Haus oder einen Geliebten gefunden haben, damit in Beziehung zu bringen, daß wir jede Woche unsere Füße behandeln lassen. Freunde sagen, daß sie den Unterschied in uns wahrnehmen, aber uns fällt es schwer, ihnen zu glauben. Wir sind der Wandlungen nicht gewahr, weil sie von innen kommen und wir diese Wandlungen sind. Wir können sie nicht an etwas Festem messen, weil sich alles in uns ständig wandelt. Darüber hinaus verlieren wir manchmal sogar die Erinnerung daran, wie wir einmal waren, und an die Schwierigkeiten, mit denen wir gekämpft haben.

Es ist niemals möglich, die Art der Wandlung zu bestimmen, die Zeit, die sie benötigt oder wie sie geschieht. Können die Wege des Lebens jemals bestimmt werden? Der Anstoß, die Bewegung der Wandlung, kommt von der Lebenskraft, und sie wird die Umstände oder „Zu-Fälle", die man nicht erklären kann, herbeiführen, um die Bewegung auszulösen. Irgend etwas, wie zum Beispiel eine zufällige Begegnung, ein Sturz, ein plötzliches Fieber oder ein Therapiewechsel, kann herangezogen werden, wann und wenn es gebraucht wird, um einen Zustand von Ganzheit herbeizuführen. Die Lebenskraft wird dies in Gang setzen, damit die innere Heilung geschehen kann. Ein Patient mit Rückenschmerzen hatte viele verschiedene Chiropraktiker aufgesucht, bevor er regelmäßig kam, um sich Sitzungen mit der Metamorphischen Methode geben zu lassen. Danach fand er einen neuen Chiropraktiker, und nach der Behandlung durch ihn war der Schmerz in seinem Rücken gelindert. Die Lebenskraft benutzte die Hilfe dieses Chiropraktikers, um die Energie wieder freizusetzen, aber der Rücken besserte sich nicht nur aufgrund der Behandlung. Er besserte sich, weil der Schmerz nicht länger notwendig war – da der Patient eine Hingabe ausgedrückt hatte, sich durch die Sitzungen mit der Metamorphischen Methode umwandeln zu lassen, hatte die Lebenskraft begonnen, den Lern- und Heilungsprozeß anzuregen. Der neue Chiropraktiker kam in dem Augenblick hinzu, als der Schmerz dazu bereit war, aufgelöst zu werden.

Obwohl weitreichende Wandlungen eintreten können, haben wir beobachtet, daß der Patient zu keiner Zeit außerstande ist, mit diesen Wandlungen umzugehen; ein Zustand der Ausgewogenheit bleibt immer bestehen. Die Lebenskraft steuert die innere Bewegung und gibt die Gewißheit, daß nichts Nachteiliges geschieht. Natürlich können wir nicht genau sagen, was die Lebenskraft tun oder nicht tun wird, aber die Mechanismen, die am Werk sind, scheinen selbst dann ein Gleichgewicht aufrecht zu erhalten, wenn tief verborgene Muster an die Oberfläche gelangen und aufgelöst werden. Ein Empfinden von innerer Gewißheit und Festigkeit bildet den Hintergrund der Wandlungsbewegung.

Dies trifft dann zu, wenn etwas zur Wirkung kommt, das als regressives Muster bekannt ist: daß es uns scheinbar schlechter geht oder wir sogar vergangene Krankheiten oder Störungen wiedererleben. Dadurch, daß wir in der Metamorphischen Methode daran arbeiten, ein Zeitgefüge aufzulockern, wird die Vergangenheit in den Brennpunkt gerückt und die Verhaftungen in der Zeit lösen sich. Es ist jedoch nicht immer notwendig, daß die Vergangenheit voll ins Bewußtsein rückt, weil das Lösen im Bereich des Abstrakten geschieht. Es geht weit mehr um die Energie, die durch die Ereignisse der Vergangenheit abgelenkt wurde, als um die Ereignisse an sich. Es kann sein, daß wir diese Ereignisse tatsächlich wiedererleben, aber sie werden mit größerer oder geringerer Heftigkeit in wesentlich kürzerer Zeit ablaufen. Es ist die Lebenskraft, die die Regression bewirkt, und wie schwierig die Wandlungen auch sein mögen, sie geschehen immer zur rechten Zeit und mit ausreichender Energie.

Ein Beispiel für diese Regression ist es, wenn ein fünf oder sechs Jahre altes Kind, auf die Entwicklungsstufe von drei bis vier Monaten zurückfällt. Wenn dies geschieht, sollten die Eltern darauf entsprechend reagieren. Ein Kind, das ein paar Monate alt ist, braucht eine Menge an liebevoller, körperlicher Berührung, und wenn die Eltern verstehen und reagieren, als wäre es tatsächlich ein Säugling, wird es die Sicherheit fühlen, die es braucht, und es wird sich wieder weiterentwickeln können.

Wenn wir uns wandeln, wandelt sich unsere Umgebung, und das beeinflußt die Menschen um uns herum. Das ist deutlich am Fall von Mary zu sehen, einer Frau Anfang vierzig, die viele Jahre unter schweren Depressionen gelitten hatte. Sie war von ihrem Mann getrennt, hatte drei Kinder und lebte mit einer Freundin zusammen, die sich mit zwei Kindern in einer ähnlichen Lage befand. Mary war an dem Punkt angelangt, daß sie zu einem Psychiater überwiesen wurde, weil sie sich vollkommen absonderte und Platzangst bekam. Sie fing an, sich mit der Metamorphischen Methode behandeln zu lassen, und nach einigen Monaten wurde sie sich darüber klar, was sie wirklich tun wollte: sich ins Bett legen, aller Pflichten entledigt sein und Zeit nur für sich allein haben. Nach ihren eigenen Worten war es das Schwierigste, was sie je getan hatte. Wegen ihrer Verantwortlichkeiten gab es in ihr dagegen furchtbare Widerstände, aber zu ihrer Überraschung scharte sich der ganze Haushalt um sie und unterstützte sie. Schließlich verbrachte sie fünf Wochen im Bett und wie ein Baby weinte sie viel oder lag nur da und tat nichts. Lebhafte Träume folgten, die meistens auf die Schwierigkeit in ihr hinwiesen, ihre eigene Identität zu finden, besonders als Frau. Während der Zeit, die sie im Bett verbrachte, bekam sie weiterhin regelmäßig Sitzungen. Als sie schließlich wieder aufstand, fühlte sie sich wie neu und gelöst. Sie fing an zu malen und nahm eine Stellung als Krankengymnastische Hilfe auf einer psychiatrischen Station an. Sie hatte eine Zeit der „Rückkehr in einen Zustand des Nicht-Kämpfens, einer Einkehr in das Wissen des Selbst" erlebt.

Marys Geschichte zeigte eine Rückwärtsbewegung, die geschieht, um eine Vorwärtsbewegung zu ermöglichen, aber sie zeigt auch, wie ihre Umgebung sich allmählich an die Wandlungen anpaßte, die mit ihr vorgingen. Dort, wo Mary Verantwortung hatte, sprangen andere ein und entdeckten dabei neue Bereiche in sich selbst.

Wandlung ist nicht so einfach. Indem wir unsere alten Muster, unsere Ängste und Minderwertigkeitsgefühle loslassen, öffnen wir den Weg, um uns – vorwärts und aufwärts – auf neue Muster, neues Verstehen und auf Ausdehnung hin zu bewegen. Aber es kann einen ungeheuren Widerstand dagegen geben, loszulassen. Erinnerungen aus der Vergangenheit halten uns ebensosehr zurück, wie Angst vor der Zukunft. Jemand, der viele Jahre lang an einer akuten Behinderung gelitten hat, wird sich daran gewöhnt haben, es ist vermutlich für ihn ein normaler Zustand geworden. Unbewußt kann das Gefühl von Angst vorherrschen, von der Behinderung frei zu sein. Es kommt auch vor, daß jemand, der sich in Metamorphische Behandlung begibt und sich allmählich wandelt, die Behandlung plötzlich eine Zeitlang unterbricht. Dies kann von einer tiefverwurzelten, unbewußten Angst herrühren, sich zu verändern, Kontrolle zu verlieren, Vertrautes loszulassen und Neuland betreten zu müssen.

Es gibt auch Zeiten, in denen jemand bewußt oder nicht, sich tatsächlich selbst daran zu hindern scheint, zuzulassen, daß irgend etwas geschieht. Wenn dies eintritt, können sich die Füße, die berührt werden, wie schwere und leblose Auswüchse anfühlen, die nicht zum übrigen Körper zu gehören scheinen. Es ist eine paradoxe Situation, als ob die Tür zur Lebenskraft des Patienten geöffnet und dann wieder zugeschlagen wurde. Trotzdem zeigt die Tatsache, daß er zur Behandlung gekommen ist, ein ausgeprägtes Verlangen nach Wandlung.

Mit Hilfe der Metamorphischen Methode heilt die Lebenskraft aus unserem Innern heraus, daher kann jede Form von Krankheit als „heilbar" angesehen werden. Manchmal mag sich ein ernster Krankheitszustand nicht unmittelbar verändern, doch die Geisteshaltung, die dem Zustand zugrunde liegt, kann sich wandeln, und dies kann sich körperlich auswirken. Aus Erfahrung wissen wir, daß Geistige Behinderung und Hirnschäden sich beachtlich wandeln, insbesondere bei Kindern, da ihre Muster noch nicht so festgelegt sind wie die der Erwachsenen. Kinder sind freier; für sie ist es leichter sich zu wandeln.

Behandler, die mit mongoloiden und autistischen Patienten arbeiten, berichten, wie sie bemerken, daß zuerst ein Glanz in die Augen der Kinder kommt, dem ein größeres Gewahrsein und gesteigerte Beweglichkeit folgen. Man könnte annehmen, daß der mongoloide Krankheitszustand eines Kindes Ausdruck seiner Ungeduld ist, in die körperliche Welt einzutreten, und daß es sich aus der Krankheit herausarbeitet, indem es die versäumten Entwicklungsschritte nachholt. Umgekehrt scheint der autistische Zustand eines Kindes Ausdruck seines Widerstrebens zu sein, in Materie einzutreten, und der Wandel wird bewirkt, indem es sich mehr auf die Wirklichkeit bezieht.

Wenn wir eine Sitzung mit der Metamorphischen Methode erhalten haben, fühlen wir oft Energie fließen, spüren wir eine neue Schwingung innerhalb des KörperGeistes. In uns tut sich sozusagen eine Landschaft auf. Wenn wir loslassen, gewinnen wir bei weitem mehr als wir verlieren. Wie Mary einmal sagte: „Ich fühlte, daß mein Gewahrsein ausgedehnt wurde, ich fühle mich verrückt und entzückt zugleich." Wir können aber auch ein Gefühl der Verwirrung erfahren, wenn die Energie sich verlagert und anfängt, eine neue Ausdrucksform zu finden. Es kann ein bis zwei Tage dauern, bis es wieder abklingt. Nach einem Frühjahrsputz in einem Raum, der vierzig Jahre lang unverändert war, müssen wir uns in unserer neuen Umgebung neu zurechtzufinden. Einige Gegenstände wurden umgestellt und andere herausgenommen. Es dauert eine Weile, bis man sich wieder zu Hause fühlt. Wenn wir die Möbel zu oft umstellen, ist es uns nicht möglich, in dem Raum zu wohnen und ihn zu würdigen. Der Patient benutzt die Zeit zwischen den Sitzungen, um sich wieder zurechtzufinden und sich auf die neue innere Umgebung einzustellen.

Zeit ist ein unbestimmbarer Begriff. Die Metamorphische Methode scheint „außerhalb von Zeit", zu arbeiten, obwohl die Energie in der Zeit freigesetzt wird. Die Lebenskraft des Patienten kann Wochen oder Monate brauchen, um eine Umwandlung hervorzubringen. Deshalb kann man auf die Frage, wie lange es dauert, bis Wandlung eintritt, keine Antwort geben. Indem wir Verantwortung für unsere eigene Heilung annehmen, kann unsere Lebenskraft sich in angemessener Weise bewegen.

PATIENTEN UND BEHANDLER

Eure Kinder sind nicht eure Kinder.
Es sind die Söhne und Töchter
von des Lebens Verlangen nach sich selbst.
KAHLIL GIBRAN[21]

Das Wort „Patient" bedeutet „einer, der leidet". Wir leiden unter den Einschränkungen, die sich daraus ergeben, daß wir mit begrenztem Geist, begrenzter Kraft und begrenztem Bewußtsein in die Materie eingetreten sind. In diesem Sinne sind wir alle Patienten.

Wir können die Metamorphische Methode erlernen und füreinander sowohl Patienten als auch Behandler sein, selbst wenn wir sehr wenig über die Grundlagen wissen, auf denen diese Arbeit beruht. Am besten erlernen wir die Metamorphische Methode, wenn wir sie sowohl geben als auch erhalten. Die praktische Anwendung spricht lauter und klarer, als dieses Buch es jemals vermag.

In der Einfachheit der „Technik" dieser Methode, die im folgenden Kapitel dargestellt wird, liegt ihre Schönheit. Es gibt nichts Geheimnisvolles daran, es bedarf keiner jahrelangen Ausbildung und keiner Prüfung, um sich darin zu qualifizieren.

Das einzige, was wir tun, ist, die Lebenskraft in den Brennpunkt zu rücken, indem wir die Füße als Träger eines Zeitgefüges in der Materie benutzen. Die eigene innere Heilkraft des Patienten übernimmt die Führung und wirkt ohne Einmischung von außen. Ein einfacher aber dynamischer Vorgang.

Die Familie

Sich gegenseitig zu behandeln, hat sich im Rahmen einer Familie als besonders wichtig erwiesen, weil sich ihre Mitglieder dadurch miteinander wandeln. Wenn ein Familienmitglied behandelt wird, können die Muster und charakteristischen Eigenschaften der Familie als einer lebendigen Einheit an die Oberfläche gelangen. Die Familienmitglieder spiegeln sich gegenseitig wider; wenn sich also ein Mitglied wandelt, werden reihum alle anderen davon betroffen. Wenn es jedoch innerhalb der Familie Widerstand gegen diese Wandlungsbewegung gibt, dann wird die Arbeit der Umwandlung schwieriger, und es kann sogar zum Abbruch der Sitzungen kommen. Aus diesem Grunde ist es notwendig, daß die ganze Familie am körperlichen Geben und Nehmen der Behandlung beteiligt ist. Aus Erfahrung wissen wir, daß die Familie als Ganzes in Bewegung kommen und wachsen kann, wenn sie sich völlig darauf einläßt.

Immer wieder haben wir beobachtet, daß Eltern die besten Behandler für ihre Kinder sind, und umgekehrt. Das mag befremdlich erscheinen, da es für Eltern das Schwierigste sein kann, die nötige Gelassenheit, d. h. den inneren Abstand zu wahren, insbesondere dann, wenn ihr Kind auf irgendeine Weise behindert ist. Sie haben natürlich ein Verlangen danach, daß sich etwas wandelt. Eltern sind jedoch genetisch so eng mit ihren Kindern verbunden, daß sie ein intuitives Wissen vom genetischen Muster des Kindes besitzen, und wenn sie seine Füße berühren, verbinden sie sich im wahrsten Sinne des Wortes mit ihren eigenen Bausteinen. Ihre Finger werden durch das Wissen geführt, das ihnen aus ihren eigenen Zellen zufließt; dasselbe gilt für Kinder, die an den Füßen ihrer Eltern arbeiten. Wir müssen annehmen, daß es außer den genetischen auch andere tiefe Verbindungen gibt, denn dieselbe Reaktionsweise kommt zwischen Eltern und ihren Adoptivkindern vor und ebenso zwischen Partner, die in enger Beziehung zueinander stehen. Kinder, insbesondere geistig behinderte, die metamorphisch behandelt werden, erleben oft einen großen Entwicklungssprung, wenn der Vater anfängt, sich ebenfalls Metamorphische Sitzungen geben zu lassen. Das gleiche geschieht, wenn der Vater anfängt, die Füße seines Kindes zu behandeln. Warum das so ist, können wir nicht sagen. Wir können nur vermuten, daß die stärkere Hinwendung des Vaters zu seiner Familie der Grund ist; oder die Entsprechung zwischen dem Vater-Prinzip und dem Zeitpunkt der Empfängnis, zu dem solche Zustände, wie zum Beispiel geistige Behinderung, festgelegt werden.

Die Mutter eines mongoloiden Säuglings hörte von der Metamorphischen Methode, kam zu uns, um sie zu erlernen, und zeigte ihrem Mann, wie man die Methode anwendet. Sie machten es sich zur ständigen Aufgabe, mit ihrem Kind jeden Tag zehn Minuten zu arbeiten; während die Mutter das Kind fütterte, arbeitete der Vater an seinen Füßen. Sie hatten sich entschieden, kein weiteres Kind mehr zu bekommen aus Furcht davor, daß es auch behindert sein könnte. Nach einem Jahr Behandlung hatten sie jedoch Vertrauen gewonnen, die Mittel zu besitzen, um eine solche Situation umkehren zu können, selbst wenn das zweite Kind auch geistig behindert sein sollte. Das kleine Mädchen hat sich jetzt soweit entwickelt, daß sie mittlerweile zur Grundschule geht, und die Eltern haben ein weiteres Kind bekommen.

Es geschieht oft, daß Eltern es vorziehen, die Verantwortung für ihr Kind an einen Behandler abzugeben. Obwohl darauf hingewiesen wird, daß die Wandlungsbewegung größer sein könnte, wenn sie sich selbst auch darauf einließen, behaupten sie, daß mit ihnen alles in Ordnung sei, und äußern starken Widerstand dagegen, behandelt zu werden oder sich gegenseitig zu behandeln. Wie wir bereits gesehen haben, spiegeln sich Eltern und Kinder gegenseitig wider. Wenn ein Kind sich wandelt, in seiner Familie dagegen jedoch Widerstand besteht, wird es in einen inneren Spannungszustand geraten, weil seine Umgebung ihm nicht länger widerspiegelt, wer es ist. Seine Lebenskraft kann dann eine neue Situation erschaffen, in der es eine Zeitlang von der Familie getrennt wird. Vielleicht erhält das Kind eine Einladung, ein paar Wochen Ferien zu machen; vielleicht bekommt es einen plötzlichen Fieberanfall, den die Ärzte nicht erklären können, und wird zur Beobachtung in ein Krankenhaus eingeliefert. Dieser Zeitraum gibt dem Kind die Gelegenheit, wieder Kraft und Unabhängigkeit zu erlangen, und auf diese Weise seine eigene Richtung zu finden. Die Eltern sind in der Lage, sich auszuruhen und sich selbst wieder zu orientieren, so daß das Kind in ein neugefundenes Gleichgewicht innerhalb der Familie zurückkehrt. Dies ist ein Beispiel dafür, wie wesentlich es ist, daß die ganze Familie sich in die Behandlung miteinbezieht.

Wenn eine Familie mit dieser Arbeit zum ersten Mal in Berührung kommt, ist oft eine große Begeisterung und der Wunsch vorhanden, sofort damit anzufangen. Dann, nach einer Weile, nimmt das Interesse der Eltern ab, obwohl, insbesondere beim Kind, eine Wandlung geschieht, und schließlich werden die Sitzungen abgebrochen. Es werden viele Entschuldigungen vorgebracht, wie zum Beispiel Zeitmangel oder Unwissenheit, wie die Methode richtig anzuwenden ist. In Wirklichkeit handelt es sich um Widerstand gegenüber Wandlung. Es gab den traurigen Fall eines vierjährigen Jungen, der aufgrund seelischer Störungen nicht sprechen wollte, obwohl er körperlich dazu in der Lage war. Nach fünf Behandlungen sagte der Junge zum Behandler „danke schön", und fing wieder an zu sprechen. Dann beschloß seine Mutter unerwarteter Weise, die Behandlungen abzubrechen. Es war klar, daß sie Widerstände hatte gegen die Wandlung in ihrem Kind und gegen jegliche sich daraus ergebende Wandlungen in ihr selbst. Sie nahm es außerdem übel, daß es der Behandler war, dem ihr Kind sich zuwandte, aber dennoch wollte sie die Behandlung nicht selbst geben. Hier müssen wir uns wieder daran erinnern, daß die Lebenskraft des Kindes und der Mutter sich gegenseitig zu einem bestimmten Zweck angezogen haben, und auch zu dem Ergebnis, daß diese Anziehung zeitigen könnte.

Eine derartige Situation ist überhaupt nicht ungewöhnlich. Eltern passen sich gewöhnlich der Behinderung ihres Kindes an und stellen ihr Leben darauf ein. Sie sind nicht in der Lage, mit irgendeiner Wandlung in sich selbst fertigzuwerden, die ihr Kind durch seine Wandlung nun von ihnen fordert. Daher ist es ratsam, zuerst mit den Eltern zu arbeiten, wenn sie ihr Kind zu einem Behandler bringen, und sie dann zu ermutigen, mit ihrem Kind zu arbeiten. In den meisten Therapien sollen die Eltern nicht mit einbezogen werden, weil man sie als Teil des Problems betrachtet, aber hier werden sie gebeten, sich einzubeziehen, gerade weil sie Teil der Lösung des Problems sein können. Das Kind ist zu seinen Eltern hingezogen worden, da sie ihm die ideale Umgebung für sein Wachstum und Lernen bieten, und weil die ganze Familie etwas voneinander zu lernen hat.

Ein Elternpaar brachte mit einigem Widerstreben – aus Furcht, ihre Hoffnungen könnten unbegründet sein – ihre epileptische Tochter zu einem Behandler, und sie waren überrascht, daß zuerst sie die Behandlung erhalten sollten. Der Vater lehnte ab, aber als er sah, wie sehr sich seine Frau nach zehn Minuten entspannte, gab er nach. Dann zeigte man ihnen, wie sie mit ihrem Kind arbeiten können, und der Vater begriff allmählich, wie wichtig es ist, daß er sich selbst miteinbezieht. Da der Behandler keine Heilung versprach, begriffen sie, daß es die eigene Lebenskraft ihrer Tochter sei, die Wandlungen in ihr herbeiführen würde. Sie lernten, wie wesentlich es für sie war, sowohl das Kind als auch sich gegenseitig zu behandeln. Als sie gingen, äußerte die Mutter, daß, wenn sonst nichts, ihnen zumindest gezeigt worden wäre, daß es etwas Positives gab, was sie anstelle ihrer Hilflosigkeit tun konnten.

Bei Leiden wie Geistige Behinderung haben die Eltern oft große Schuldgefühle; einige Eltern glauben, daß die Krankheit ihres Kindes „von Gott gegeben" sei, und daß sie kein Recht hätten einzugreifen. Aber solange in dem Kind Leben ist, gibt es die Möglichkeit der Wandlung. Die Anlage zur Ganzheit ist vorhanden, und deshalb sollten die Eltern sich nicht so fühlen, als müßten sie die Situation akzeptieren. Wenn sie als Katalysatoren fungieren, kann die Situation durch die Lebenskraft ihres Kindes korrigiert werden kann. Daß in einer Familie ein Kind rezessive Erbfaktoren hat und die anderen Kinder nicht, ist Teil des Gesetzes, nach dem jeder Mensch seine eigene Wirklichkeit „auswählt" und an sich zieht, in diesem Fall Geistige Behinderung. Es kann nicht als „Fehler" der Eltern oder als „Gottes Wunsch" angesehen werden. Für uns selbst verantwortlich zu sein, ist eines der Vorrechte des Menschen. Was die Eltern also tun können, ist, dem Kind durch die Metamorphische Methode zu helfen, der Erkenntnis näher zu kommen, welcher Sinn und Zweck hinter seiner Behinderung liegt.

Schwangerschaft und Geburt

Leben beginnt mit der Empfängnis. Es ist möglich, eine Schwangere mit der Metamorphischen Methode zu behandeln. In diesem Stadium sind Mutter und Kind eins, und die Behandlung kann den Embryo befähigen von den Einflüssen frei zu sein, die während der Empfängnis auf ihn einstürzen, bevor sie sich konkret ausbilden. Es wird ihm Vertrauen geben, in die Welt einzutreten, sich leichter durch die Vorgänge der Geburt zu bewegen. Es scheint, daß eine schwierige Geburt oft eher durch ein Widerstreben im Kind gegen das Geborenwerden verursacht wird, als durch eine Schwäche in der Mutter. Man nimmt an, daß der Embryo die Mutter während der Schwangerschaft auf jeder Ebene beeinflußt, deshalb können für die Schwangerschaft typische Erscheinungen wie heftige Begierden und Depressionen gemildert werden, wenn sich die Mutter regelmäßig die Füße behandeln läßt. Durch regelmäßige Behandlungen wird sie erleben, wie sie von ihren Schwierigkeiten – einschließlich der Angst vor dem Gebären – zunehmend befreit wird.

Während der Wehen kann die Metamorphische Methode eine enorme Hilfe bedeuten. Häufig können unerwartete Spannungen und Panik, Gefühle der Unzulänglichkeit und Widerstreben dagegen, durch die Geburt hindurchzugehen, auftreten. Die Methode kann diese Spannungen lösen, aber die Mutter muß äußern, wo sie sie haben will – an den Füßen, an den Händen oder am Kopf – weil das Kind bei der Entbindung die Funktion eines ihrer Zentren, das der Bewegung, des Handelns oder des Denkens, abklemmen kann. Nur fünf Minuten werden schon helfen. Die Mutter wird sich weniger allein fühlen, wenn die Behandlungen vom Vater gegeben werden.

Man kann bei einem Kind sofort nach der Entbindung ohne Risiko die Metamorphische Methode anwenden. Die Muster, die sich während der Reifezeit in der Gebärmutter gebildet haben, können dabei aufgelöst werden, bevor sie sich verfestigen. Diese Freisetzung von Energie wird dem Kind helfen, ausgeglichen und uneingeschränkt zu wachsen. Es kann sein ganzes Leben hindurch eine größere Beweglichkeit, mehr Gewahrsein und Offenheit für Wandlung aufweisen. Die Behandlungen lockern die Muster aus der Vergangenheit und öffnen den Weg in die Zukunft, und natürlich wird dies um so leichter geschehen, je jünger ein Kind ist.

Selbstbehandlung

Immer wieder wird die Frage gestellt: Kann man sich selbst behandeln? Ja, das ist möglich und ist sicherlich ratsam, wenn sonst niemand zu Verfügung steht, der es tun kann. Aber wenn man es tut, ist es möglich, sozusagen einen „geschlossenen Schaltkreis" zu schaffen, in dem gestaute Energien zurückgehalten werden. Man kann sich leicht mit seinen eigenen Krankheitszeichen identifizieren, da die Finger mit großer Genauigkeit Spannungspunkte an den Füßen finden, und jede derartige Selbst-Identifikation macht es schwierig, gelassen zu bleiben. Wenn wir uns selbst behandeln, ist es daher sinnvoll, unsere Aufmerksamkeit auf solche Dinge zu lenken, wie fernsehen, ein Buch lesen oder Musik zu hören, um die Beschäftigung mit sich selbst zu vermeiden. Falls eine Selbstidentifikation jedoch stattfindet, erkennen wir sie an und belassen es dabei. Es kann hilfreich sein, ein elektrisches Massagegerät zu benutzen, da dieses mechanische Hilfsmittel sich nicht, wie man selbst, identifiziert. Aber obwohl das elektrische Massagegerät die Rolle einer dritten Kraft einnimmt, ist es nicht unparteiisch gegenüber den gestauten Energien. Manchmal wird es an einem Punkt verharren oder heißlaufen, weil die Energiekonzentration es beeinträchtigt. Um diese Schwierigkeiten zu überwinden, oder wenn man kein solches Gerät hat, um aus dem geschlossenen Schaltkreis auszubrechen, kann man ein Steinchen, eine Murmel oder einen Stift nehmen und auf dem Knochenrand, auf der Innenseite der Füße entlangrollen.

Das Prinzip des geschlossenen Schaltkreises kann auch für eine Familie gelten; die freigesetzten Energien können noch eine Zeitlang innerhalb dieser lebendigen Einheit verharren. Daher ist es am besten, wenn ein Familienangehöriger von Zeit zu Zeit eine Behandlung durch einen außenstehenden Behandler erhält und so der Schaltkreis durchbrochen wird. Wenn jemand bemerkt, daß die ganze Familie – oder einer von ihnen – motiviert ist und versuchen will, Resultate zu erzielen oder um jeden Preis Wandlungen herbeizuführen, dann ist es wichtig, vorzuschlagen, daß ein Behandler eine Zeitlang mit der Familie arbeitet, damit das Gleichgewicht aufrechterhalten werden kann.

DIE PRAKTISCHE ANWENDUNG

*Der Druck der Hände bringt
die Quellen des Lebens zum Fließen.*
TOKUJIRO NANIKOSHI[22]

Die Reise durch die Zeit seit Erscheinen des homo erectus auf der Erde bis hin zum Menschen als zivilisiertes Wesen kann geschichtlich verfolgt werden. Diese Entwicklung war möglich aufgrund der Fähigkeit des Menschen, sich zu wandeln, da Bewegung der grundlegende Faktor in der Evolution des Universums ist. Das Denken, so wie wir Menschen diese Funktion ausüben, ist genauso wie die Fähigkeit, Dinge zu erschaffen, eine ziemlich neue Eigenschaft. Der Mensch sehnt sich nach etwas, das über seine gedanklichen und schöpferischen Kräfte hinausgeht. Dieses Sehnen regt seinen Verstand dazu an, nach dem universalen Geist zu streben und treibt ihn auf die höheren Ebenen von Wissen.

Deshalb arbeiten wir in der Metamorphischen Methode hauptsächlich an den Füßen, weil sie dieser wesentlichen Eigenschaft von Bewegung entsprechen. Wir bewegen uns in der Welt mit unseren Füßen vorwärts, und an ihnen beginnen wir die Behandlung, danach gehen wir zu den Händen und zum Kopf über.

Die Behandlung

Du kannst die Metamorphische Methode überall und zu jeder Tageszeit anwenden. Es bedarf keiner besonderen

Voraussetzungen. Der Patient kann dabei fernsehen, ein Buch lesen oder einfach nichts tun. Du kannst jemandes Füße behandeln, der im Bett liegt, und wenn er dabei einschläft, dann machst du einfach weiter, bis die Behandlung abgeschlossen ist. Einige Menschen reden gern dabei, andere entspannen sich; das alles spielt keine Rolle. Aber wenn du mit einem Patienten sprichst, achte darauf, daß du dich nicht aufs Diagnostizieren einläßt, laß deine Hände einfach weiterhin die Füße berühren, während du gelassen bleibst. Der Zustand des Patienten ist für die Behandlung ohne Belang.

Jeder kann mit einem anderen arbeiten, ein Kind mit seinen Eltern, eine Großmutter mit ihrem Enkel, man kann mit seinen Freunden arbeiten und mit völlig Fremden. Ein geistig behindertes Kind kann dir genauso die Füße reiben wie du ihm. Es ist das Leben und das intuitive Wissen in jedem Menschen, die dabei am Werke sind.

Die Füße

Zunächst einmal setze dich im rechten Winkel zu deinem Patienten und lege seinen Fuß bequem in deinen Schoß. *(Siehe Abbildung 10.)* Du kannst ein kleines Tuch unter seinen Fuß legen. Der Behandler sitzt in dieser Position, um die innere Einstellung deutlich werden zu lassen, daß er dem Patienten „nicht

10 Eine mögliche Position bei der Anwendung

im Wege ist". Ihm gegenüber zu sitzen, würde es schwer machen, sich nicht zu identifizieren. Im Grunde spielt es keine Rolle, wo und wie Behandler und Patient sitzen, solange sie sich im rechten Winkel zueinander befinden; und es spielt auch keine Rolle, ob der Fuß dabei auf deinem Schoß liegt oder nicht.

Halte deine Hände eine Weile über den Fuß, bevor du ihn ergreifst; auf diese Weise gibst du dir selbst die Zeit, in deine Mitte zu kommen und die Gedanken des Tages hinter dir zu lassen. Gib auch dem Patienten Zeit, sich auf deine Gegenwart einzustellen. Es ist ein Moment der Sammlung.

Dann nimm den Fuß fest in beide Hände und mache dich mit ihm vertraut. Laß deine Hände einige Minuten frei über Fuß und Knöchel gleiten. Eine feste Berührung läßt jedes Kitzelgefühl, das nur oberflächliche Spannung bedeutet, verschwinden. Du arbeitest nicht nur mit dem Fuß, sondern mit dem ganzen Menschen, also laß es zu, daß dein Bewußtsein Informationen über den Zustand des Fußes, das harte und weiche Gewebe und die Flüssigkeiten erhält. Sie sind ein umfassendes Abbild dieses Menschen. Achte darauf, ob der Fuß kalt ist, feucht oder trocken, fleischig oder knochig, biegsam oder starr. Fühle, ob die Haut weich oder rauh ist; sieh nach, ob es irgendwo Hornhaut gibt und wo sie sich gebildet hat. Ertaste die verschiedenen Knochen am ganzen Fuß. Nimm dies alles wahr, nimm es zur Kenntnis, und laß es dann wieder los. Du stellst keine Diagnose oder denkst nicht daran, irgend etwas zu verändern. Indem du dies tust, erfüllst du das Verlangen des Verstandes, Informationen zu sammeln. Beobachte einfach, denke nicht länger darüber nach und mache weiter. Du hast den Patienten als Ganzen bestätigt.

Nun beginne die Behandlung mit den Fingerkuppen auf den Reflexpunkten der Wirbelsäule zwischen großem Zeh und Ferse. *(Siehe Abbildung 11.)* Stelle dir an der Innenseite des Fußes eine Mittellinie vor, die auf der Seitenkante der Fußknochen verläuft. Laß deine Finger an dieser Linie, die dem Knochenrand folgt und weniger dem Schwung des weichen Gewebes, entlanggleiten, wohin sie wollen. Die Empfindungsfähigkeit deiner Finger ist weit mehr an das angeschlossen, was getan werden muß, als dein denkendes Bewußtsein, also laß dich von ihnen führen. Du kannst jeden Finger benutzen und jede Art von Bewegung oder Druck anwenden, die deiner momentanen Empfindung entspricht. Die Bewegung kann z.b. kreisförmig, ertastend oder vibrierend sein, als ob du ein winziges Cello spielst. Du wirst verschiedene Arten von Druck zwischen sehr leicht und ganz fest erfahren und wirst abwechselnd verschiedene Finger benutzen. Tu einfach, was sich richtig anfühlt.

Es ist keine Massage, und du versuchst nicht, irgend etwas zu verändern, weder körperlich noch sonst wie. Es ist wie ein Tanz deiner Finger. Genauso wie wenn wir eine Uhr aufziehen, spielt es keine Rolle, ob wir es schnell oder langsam tun; sie wird auf jeden Fall aufgezogen. Wir sind nicht in das verwickelt, was wir tun, gib also den Händen völlige Freiheit, sich entspannt und sanft die Reflexzone der Wirbelzone hinauf- und hinunterzubewegen.

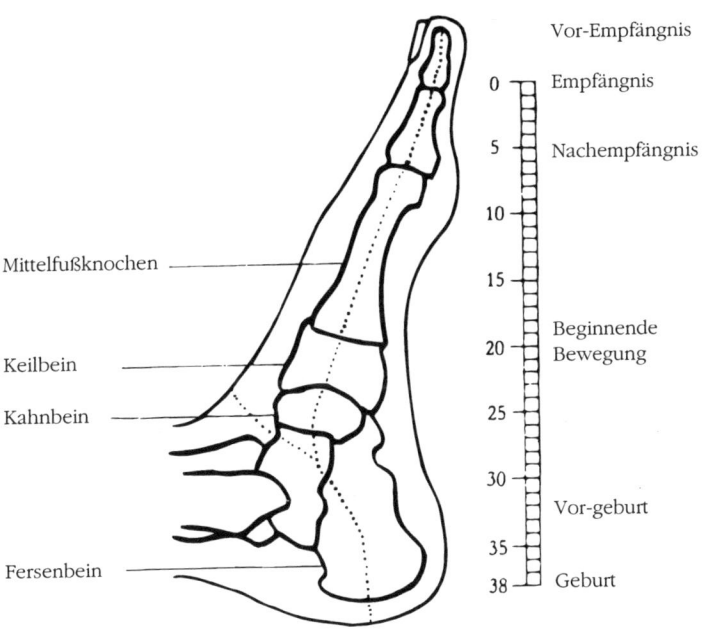

11 Schaubild des Fußes in Beziehung zum Praenatal-Muster

Bearbeite die ganze Außenseite des großen Zehs, insbesondere die obere und untere Ecke des Zehnagels, wo die Reflexpunkte der Zirbeldrüse und der Hirnanhangdrüse liegen. Dann folge dem Gelenk des großen Zehs, wo der Reflexpunkt der Empfängnis liegt, an der Knochenkante des Fußgewölbes entlang. Beachte die Furche zwischen dem inneren Keilbein und dem Kahnbein *(siehe Abbildung 11)*, die der Phase der Beginnenden Bewegung entspricht. Gehe weiter bis zum Fersenbein unterhalb des Knöchels und bearbeite die ganze Seite der Ferse bis zu dem Punkt, wo die Achillessehne ansetzt. Hier liegt der Reflexpunkt der Geburt. Arbeite während der ganzen Behandlung auf dem Knochen. Nur im Bereich der Ferse, wo es manchmal schwierig ist, den Knochen zu fühlen, kannst du auf der seitlichen, weichen Fläche arbeiten. Arbeite auf dieser Linie wie du möchtest. Es gibt keinen festgelegten Anfangs- oder Endpunkt.

Arbeite hin und wieder von unterhalb des inneren Knöchels über den Fußrücken bis unterhalb des äußeren Knöchels. Dies ist der Reflexbereich des Beckengürtels, der im Körper dem Bewegungszentrum und – auf der Ebene von Bewußtsein – dem Prinzip des Handelns entspricht.

Während der Behandlung kann es vorkommen, daß der Patient sagt, daß einige Bereiche schmerzhafter sind als andere, oder du kannst feststellen, daß einige Bereiche sich muffig oder gestaut anfühlen. Nimm es einfach zur Kenntnis und laß es dann wieder los. Arbeite in diesen Bereichen nicht absichtlich länger als in anderen, vermeide sie aber auch nicht. Behandle den ganzen Fuß auf die gleiche Art und Weise. Beruhige den Patienten, daß er sich keine Sorgen zu machen braucht, wenn seine Füße einschlafen! Das beruht gewöhnlich auf einer Durchblutungsstörung. Nachdem du ungefähr zwanzig bis dreißig Minuten gearbeitet hast, streiche abschließend über den ganzen Fuß. Du kannst, wenn du möchtest, ein paar Minuten lang arbeiten, ohne den Fuß zu berühren, wobei deine Hände mit ein wenig Abstand vom Fuß dem Knochenrand folgen.

Dann arbeite auf die gleiche Weise am anderen Fuß. Nachdem du an beiden Füßen gearbeitest hast, wasche deine

Hände unter kaltem Wasser, das die Poren nicht öffnet, um überschüssige Energie zu entfernen, die du vielleicht vom Patienten übernommen hast.

Die Hände

Beginne mit der Arbeit an den Händen auf die gleiche Art wie an den Füßen. Sammle dich über der rechten Hand, bevor du sie tatsächlich ergreifst. Das Muster, dem du folgst, verläuft an der Außenseite des Daumens entlang der Knochenkante von der Daumenkuppe bis zum Handgelenk. *(Siehe Abbildung 12.)* Arbeite auch hin und wieder auf der Oberseite des Hand-

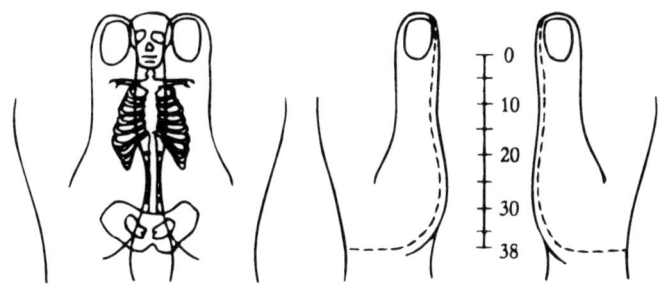

12 Schaubild der Hände

gelenkes auf die gleiche Art wie auf dem Fußrücken. Nach der rechten Hand arbeite an der linken weiter. Arbeite an beiden Händen für fünf bis zehn Minuten oder auch länger, wenn der Patient es wünscht.

Der Kopf

Laß den Patienten auf einem Stuhl sitzen und stelle dich hinter ihn. Sammle dich in deiner Mitte, während du gleichzeitig deine Hände eine Weile über seinem Kopf hältst. Dann berühre den Kopf von der Mitte der Schädeldecke bis zur Schädelbasis auf einer mittleren Linie. *(Siehe Abbildung 13.)* Hebe ein wenig die Finger an, wenn du von einem Punkt zum anderen übergehst, damit du nicht an den Haaren ziehst. Die

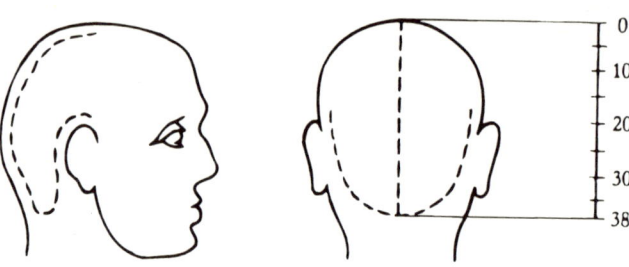

13 Schaubild des Kopfes

Berührung kann sehr sanft sein. Eine Hand kann leicht auf dem Kopf ruhen, während die andere arbeitet. Gehe auch entlang des Schädelbasisrandes vom Hinterhauptloch bis zu den Warzenfortsätzen, dann hinter den Ohren entlang bis an ihren oberen Ansatzpunkt. Dieser Bereich entspricht dem Beckengürtel. Gebrauche hierfür entweder beide Hände gleichzeitig oder jeweils nur eine Hand. Fühle dich frei und laß dir von deinen Händen sagen, was zu tun ist.

Am Kopf kann zehn Minuten oder länger gearbeitet werden. Der Patient fühlt sich danach meistens glücklich und entspannt, deswegen störe ihn nicht und laß ihn für ein paar Minuten allein, während du deine Hände unter kaltem Wasser wäschst. Gewähre deinem Patienten nach jeder Sitzung Zeit und Raum, ruhig zu sein, wenn er es wünscht.

Rechts / Links

Normalerweise fängt der Behandler mit dem rechten Fuß oder der rechten Hand an und geht dann über zur linken Seite.

Die rechte Seite repräsentiert das, woran der Patient in seinem Leben gerade arbeitet; sie zeigt, was er aus seinem Leben macht. Die linke drückt die schlummernden, potentiellen Muster aus, diejenigen, die ihn bei seiner Geburt begleitet haben, die aber im Augenblick noch zurückgehalten werden. Indem wir an der rechten Seite anfangen, scheint die Lebenskraft den Weg freizumachen, damit die anderen Muster sich entfalten können.

Gelegentlich kommt es vor, besonders bei überaktiven Kindern, daß du gebeten wirst, mit dem linken Fuß anzufangen, als ob seine Lebenskraft darauf hinweist, daß die verborgenen Muster sofort bearbeitet werden müssen. Wenn dies geschieht, geh auf den Wunsch ein. Danach gibt er dir gewöhnlich sehr bereitwillig den rechten Fuß, darum bestehe nicht darauf, mit dem rechten Fuß anzufangen.

Versuche, wenn möglich, beide Füße in einer Behandlung zu bearbeiten, um Einseitigkeit zu vermeiden!

Wie lange, wie oft?

Für Erwachsene, die im Alltag funktionieren müssen, ist es wichtig, das sie nicht öfter als einmal pro Woche eine einstündige Fußbehandlung erhalten, das bedeutet eine halbe Stunde pro Fuß. Mehr als das kann Chaos oder Verwirrung auslösen, da der Verstand nicht genug Zeit hat, sich zwischen den Sitzungen wieder neu zu orientieren. Mehr Sitzungen im gleichen Zeitraum wären eine Überforderung der Fähigkeit des Patienten, Veränderungen zu integrieren, und würde Unausgeglichenheit hervorrufen. Ausnahmen dafür sind Krisenzeiten, wenn Sitzungen verlängert oder über die Woche verteilt werden können, oder wenn man in Ferien, bettlägerich oder ans Haus gebunden ist. Die Sitzungen können natürlich auch gekürzt und während der Woche wiederholt werden, wie es angemessen ist.

Anders bei Kindern. Sie bewegen sich innerlich weitaus schneller, deshalb können sie mit häufigeren Behandlungen leichter umgehen. Einem Kind fällt es schwer, lange stillzusitzen. Deshalb können Kinder im Abstand von einigen Tagen oder sogar täglich für ein paar Minuten behandelt werden. In diesen Fällen ist es offensichtlich besser, wenn die Eltern des Kindes an ihm arbeiten. Wir kennen ein mongoloides Mädchen, das so sehr liebt, seine Füße behandelt zu bekommen, daß es sie jede Nacht vor dem Einschlafen aus dem Bett herausstreckt. Sie kann ganz zufrieden auch ohne etwas zu trinken oder eine Gute-Nacht-Geschichte zu Bett gehen, aber sie wird sich bitterlich beklagen, wenn ihre Füße nicht gerieben werden.

Die Hände und der Kopf können jeweils so oft und so lange bearbeitet werden, wie der Patient es wünscht. Sie drücken die sekundären Funktionen – Handeln und Denken – aus, deswegen ist die Wirkung ihrer Behandlung nicht so weitreichend wie die der Füße. Die Füße dagegen drücken die Primärfunktion des Universums aus: Bewegung; daher hat die Arbeit an ihnen eine viel größere Wirkung, und es ist möglich, sie zu übertreiben.

Wir können also feststellen, daß die eigentliche Behandlung sehr leicht zu geben ist: Eine einfache Berührung der Reflexpunkte der Wirbelsäule entlang der inneren Knochenkante der Füße und Knöchel, der Hände und Handgelenke, die Mittellinie des Kopfes abwärts, an dem unteren Schädelrandknochen entlang bis zu den Ohrläppchen und hoch bis zu den Ohrspitzen. Wieviele Behandlungen hintereinander gegeben werden sollten, ist schwerer zu sagen, nur der Patient kann das wirklich wissen. Er mag nur eine Behandlung haben wollen, er kann sich aber auch wünschen, mehrere Wochen oder Monate lang behandelt zu werden. Fang mit einem Mal pro Woche an, dann warte ab und schau, was sich entwickelt. Der Patient kann sich entschließen, ein paar Wochen lang zu kommen, und dann kommt er vielleicht nur noch jede zweite Woche oder einmal monatlich. Seine Lebenskraft weiß, was er braucht, und er muß die Möglichkeit haben, sich frei entscheiden zu können. Wenn ein Patient also plötzlich nicht zu der vereinbarten Verabredung kommt oder sich entschließt, die Behandlungen abzubrechen, dann dränge ihn nicht. Es kann sein, daß seine Lebenskraft ihm sagt, daß er erst einmal genug hat, daß er nicht bereit oder in der Lage ist, mehr zu arbeiten. Patienten wählen ihre Behandler und bestimmen die Häufigkeit ihrer Besuche, indem sie ihre eigene innere Autorität entdecken und ausüben. Es ist nicht die Aufgabe des Behandlers zu entscheiden.

Der Behandler

Während du eine Behandlung gibst, können bestimmte symptomatische Zustände in dir auftreten und es ist gut, darauf vorbereitet zu sein und zu wissen, wie man damit umgehen kann. Sie haben an sich keine Bedeutung, sie sind einfach Erscheinungsformen von Energie, die vom Patienten kommt und in dir erfahrbar wird. Aber wenn du dich nicht von ihnen befreist, kann es bei dir zu leichten Kopfschmerzen, Übelkeit oder Müdigkeit führen. Allgemein gesagt, wenn du gelassen bist, nimmst du nichts auf. Wenn du es doch tust, erinnere dich daran, daß kein Verdienst darin liegt, die Energien eines anderen aufzunehmen; es entzieht dir nur deine eigene. Folgende Arten von Zuständen können auftreten:

1. Deine Finger oder Hände fangen an, sich schwer wie Blei zu fühlen. Sie können auch heiß werden oder pochen. Wenn dies geschieht, schüttle deine Hände gut aus und wasche sie sofort nach Beendigung der Behandlung, wie sonst auch, unter kaltem Wasser.

2. Ein Gefühl allgemeiner Müdigkeit. Es tritt besonders häufig in der Behandlung geistig behinderter Menschen oder der eigenen Kinder auf, weil sie sehr bereitwillig ihre Energieblockierungen lösen. Hierbei ist es nötig, daß du dich in

deiner Mitte sammelst, damit du die Müdigkeit abschütteln kannst. Stelle deine Motivation in Frage: Versuchst du zu helfen? Wenn ja, erkenne es an und belasse es.

3. Gähnen, husten, rülpsen, niesen, seufzen: unterdrücke diese Reaktionen nicht. Ermutige sie vielmehr oder übertreibe sie sogar. Gähne wirklich kräftig – entschuldige dich bei deinem Patienten, wenn du möchtest, und versichere ihm, daß du nicht wirklich so müde bist. Das befreit dich von der Energie, die du vielleicht aufgenommen hast.

Das Empfängnis-Muster

Eine Erweiterung der Arbeit mit dem Praenatal-Muster ist die Arbeit mit dem Empfängnis-Muster, bei der wir nur in dem Bereich arbeiten, der dem Augenblick der Empfängnis entspricht.

Leben, Intelligenz und Schöpfung sind ewig, jenseits von Zeit, Raum und Materie, unendlich und absolut. Die Ewigkeit schließt Zeit und Zeitlosigkeit ein, die Unendlichkeit, Raum und Raumlosigkeit, das Absolute Gestalt (oder Materie) und Gestaltlosigkeit. Die Empfängnis scheint das Ergebnis der Schöpfung am Treffpunkt von Zeitlosigkeit und Zeit, von Raumlosigkeit und Raum und von Gestaltlosigkeit und Gestalt zu sein.

Vor der Empfängnis sind im Aspekt des werdenden Wesens, der sich außerhalb von Zeit, Raum und Materie befindet, alle Einflüsse (stoffliche und nicht-stoffliche) bereits vorhanden, die dem Leben und der Intelligenz, die dabei sind, sich zu inkarnieren, Farbe verleihen. (Ein Stuhl existiert zum Beispiel bereits im Kopf des Designers, bevor er gefertigt wird.) Empfängnis ist Schöpfung, die in dem Handeln von Leben und Intelligenz wirksam wird. Die Muster von außerhalb der Zeit, dem Raum und der Materie schlagen sich bei der Empfängnis nieder und drücken sich dann als potentielle Eigenschaften aus. Wir können in diesem Augenblick der

Empfängnis als Katalysatoren fungieren. Die Lebenskraft kann auf die einströmenden Einflüsse oder Muster unmittelbar einwirken und ihre Energien freisetzen, indem sie ihre jeweiligen Zwecke, jenseits von Zeit, Raum und Materie erfüllt. Die Eigenschaften werden dann aufgehoben, da sie ohne den Rahmen ihrer zugrundeliegenden Muster nicht verbleiben können.

Wir konzentrieren uns auf die Empfängnis als den Schöpfungspunkt, und da sich Schöpfung jenseits von Zeit, Raum und Materie befindet, sind alle Ereignisse und ihre Potentiale gleichermaßen zugänglich und ihre Energie kann sie umwandeln. Der Behandler fungiert dabei einfach nur als Kataysator.

Da es keine Verwicklung mit Zeit, Raum und Materie gibt, können wir mit dem Empfängnis-Muster so oft und so lange arbeiten, wie wir wollen. Dies kann neben der wöchentlichen Arbeit mit dem Praenatal-Muster geschehen, da wir uns schließlich in der Zeit und im Raum befinden und unsere Eigenschaften sich materialisiert haben.

Der Bereich, der den Augenblick der Empfängnis widerspiegelt, befindet sich an der Außenseite der ersten Gelenke der großen Zehen oder Daumen und auf der Mitte des Kopfes. Wir können diese Punkte einfach nur berühren oder eine leichte, vibrierende Bewegung anwenden.

Eine andere Art, damit für uns selbst oder für jemanden, der nicht anwesend ist, zu arbeiten, besteht darin, die Hände mit den Handflächen aufeinander zu legen, wobei die Finger in entgegengesetzte Richtung weisen. *(Siehe Abbildung 14.)* Dann lassen wir unsere Hände soweit auseinandergleiten, bis

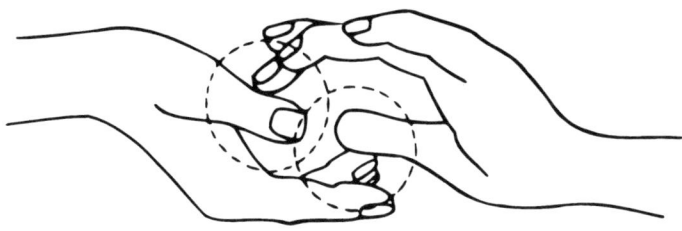

14 Das Empfängnis-Muster

bei jeder Hand einer der Finger den Punkt an der Außenkante des ersten Gelenkes vom Daumen der anderen Hand berührt. Auf diese Weise stellen wir einen Energiekreislauf her. Wir können die Arbeit am Empfängnis-Muster an uns selbst und an anderen oder an Nicht-Anwesenden anwenden. Oder wir stellen uns einfach in diesem Kreis vor und behalten das Bild solange darin, wie wir es wünschen. Wenn wir für einen anderen arbeiten, tun wir das gleiche, nur stellen wir dabei seinen Namen in den Kreis. Da die Schöpfung sich außerhalb von Zeit, Raum und Materie befindet, spielt der Aspekt der Motivation dabei keine Rolle. Unser Wille kann nur auf das einwirken, was schon verkörpert ist, nicht auf das, was bis jetzt nur als Möglichkeit vorhanden ist. Gleichwohl machen wir uns selbstverständlich kein Bild von ihm, wie er als gesunder Mensch wäre, und wir richten unsere Aufmerksamkeit auch nicht auf sein Leiden oder seine Schwierigkeiten. Wir stellen einfach den Namen des Abwesenden in den Kreis und halten ihn darin anwesend. Wir können unsere Familie in den Kreis stellen, Tiere, die Stadt, in der wir leben oder das Land, die Erde oder das Universum. Wir reichen bis vor die Erschaffung des Universums in Materie und stellen dieses Potential in den Brennpunkt.

SCHLUßFOLGERUNG

Jeder Mensch,
alle Ereignisse in deinem Leben
sind da, weil du sie selbst angezogen hast.
Was du mit ihnen anfängst,
ist deine Sache.
RICHARD BACH[23]

Da das Universum sich im Zustand ständiger Ausdehnung befindet, ist auch unsere Reise auf Erden eine Reise der Ausdehnung. Die erste einzelne Zelle wächst heran zu einem Embryo, der im Alter von vier bis fünf Monaten sein Bewußtsein von sich selbst abwendet, um etwas anderes als Selbst zu entdecken, wobei er seine Umgebung im Mutterleib zielbewußt erforscht. Bei der Geburt treten wir in die Welt ein und fangen an, sie mit unseren Sinnen, Fingern und Zehen zu begreifen. Schließlich fangen wir an zu laufen, und dieser Drang ermöglicht es uns, uns von unseren Eltern weiter wegzubewegen, so daß wir die Welt entdecken können. Da wir heranwachsen und gesellschaftlich geprägt werden, müssen wir unser Bewußtsein erweitern, um über diese Prägungen hinauszugehen. Wir überschreiten unsere Grenzen, indem wir das Elternhaus verlassen und uns um tieferes Verstehen bemühen. Wir beginnen, das Universum mit unseren Gedankenkräften und unserer Intuition zu erforschen.

Diese Reise beginnt mit der Empfängnis und sie erfüllt sich mit der Ausdehnung in die höchste Ebene des Seins. Während der ganzen Reise sind wir voll dafür verantwortlich, wer wir sind und wer wir werden. Unsere Wahl besteht darin, ob wir verantwortlich sein wollen oder nicht, ob wir uns der Wandlung, der Evolution öffnen.

In der Metamorphischen Methode kommen wir mit den Grundlagen des Lebens und den ihnen zugrundeliegenden universalen Gesetzen in Berührung. Wir sind auf der aufregendsten und lohnendsten aller Reisen. Unser bewußtes Festhalten an einem starren Bild davon, wer wir sind, wird gelöst, und dem höheren Geist in uns wird der Raum gewährt, in dem er Kontrolle übernehmen kann. Selten ist es eine eindeutige oder auch nur leichte Reise. Immer wieder erfahren wir, daß wir blind arbeiten, während wir in dem Glauben sind, daß der Zweck erfüllt wird, daß sich ein Ganzes zusammenfügt, selbst wenn es ein Auseinanderfallen zu sein scheint. Blind zu sein, verlangt völliges Vertrauen in die Lebenskraft, daß sie das tut, was richtig für uns ist.

Unsere Füße sind die Kanäle für unsere Beziehung mit der Erde, und in ihnen liegt einer der Schlüssel zu den Kräften in uns, die uns heilen und uns mit Energie erfüllen. Wir erlauben unseren Fingern, an den Füßen zu arbeiten, sich dahin zu bewegen, wo sie wollen, zu erforschen, zu tasten, zu vibrieren und zu reiben. Wir erkennen an, daß die höhere Weisheit der Lebenskraft die Wandlungen hervorbringt, die wir brauchen. Das einzige, was wir tun, ist, ein Zeitgefüge zu lockern. Wenn ein Dachabfluß mit Blättern verstopft ist, ist es nicht gut, ihn zu rütteln und draufzuschlagen. Das einfachste ist, Wasser in das Rohr zu gießen und es leicht zu schütteln. Die Verstopfung wird in Bewegung geraten. So bewegt sich Leben ohne Kraftanwendung. So lange Leben vorhanden ist, kann sich unsere Fähigkeit, frei zu fließen, verwirklichen.

Wenn wir bestimmte Wesensmerkmale angezogen haben, warum wollen wir sie ändern? Wir ändern sie, damit wir den tieferen Zweck erkennen können, der jenseits von ihnen liegt. Wir haben die Wahl, das zu verlieren, wer wir zu sein glauben, und jenseits der Einflüsse, die das Gefüge unseres Seins errichtet haben, uns selbst zu finden. Wir haben die Wahl, entweder in unserer starren Lebenssicht stecken zu bleiben oder uns neuen Sichtweisen zu öffnen, um zu sehen, was über sie hinausgeht. Nichts ist dauerhaft, nichts ist starr, daher liegt es an uns, die Verantwortung für unsere eigene Evolution zu übernehmen und anzufangen, über unsere Begrenzungen hinauszugelangen. Unser Potential ist grenzenlos und wir haben die Wahl. Die letztendliche Wahl jedoch gehört dem Leben, und wir sind dieses Leben.

ANMERKUNGEN

1. Paramahansa Yogananda, Wissenschaftliche Heilmethoden, München 1981/6
2. Evelyn Nolte, The Glory Which is Earth
3. J. Bronowski, Der Aufstieg des Menschen, Frankfurt/M., Berlin, Wien 1976
4. Einheitsbibel, Johannes 13
5. Muktananda, Selected Essays, herausgegeben von Paul Zweig, Harper & Row
6. James Rudolph Murley, The Sanity Book
7. Jonathan Daemion, Wholistic Phenomenology – Emotion and Consciousness
8. Jonathan Daemion, a.a.O.
9. Dr. Karl König, Meditations on the Endocrine Glands, Earth and Man
10. Dr. Karl König, a.a.O.
11. Newsweek, 24. Oktober 1977
12. Kahlil Gibran, Der Prophet, Freiburg i.B. 1977
13. Robert St. John, Metamorphose, Metamorphic Association
14. Die Bibel, Hesekiel 37
15. Ken Dychtwald, KörperBewußtsein, Essen 1981
16. Alexander Lowen, Bioenergetik, Reinbek 1978
17. Robert St. John, a.a.O.
18. Kahlil Gibran, a.a.O.
19. Bhagavad Gita, Stuttgart 1955
20. T.S.Eliot, Vier Quartette, Wien 1953
21. Kahlil Gibran, a.a.O.
22. Tokujiro Nanikoshi
23. Richard Bach, Illusionen, Berlin, Frankfurt/M., Wien 1978

FREMDWORT-ERKLÄRUNGEN

cephalo-caudal: Kopf-Schwanz-wärts; hier: Längenwachstum

Embryogenese: Die vom 16.–75. Tag der Schwangerschaft erfolgende primitive Entwicklung der äußeren und inneren Körperform der Leibesfrucht

Endokrines System: System innersekretorischer (nach innen ausscheidender) Drüsen

Extraversion: Durch Konzentration der Interessen auf äußere Objekte gekennzeichnete psychologische Einstellung

Hologramm: Mit Laserlicht hergestellte „Photographie", deren Wiedergabe ein dreidimensionales, „in der Luft hängendes" Bild ergibt. Wenn man ein Hologramm in der Mitte durchschneidet, ist das gesamte Bild in beiden Hälften enthalten. Dasselbe gilt, wenn diese Hälften nochmals halbiert werden und so weiter bis zum kleinsten Fragment.

Introversion: Konzentration des Interesses (von der Außenwelt weg) auf innerseelische Vorgänge als Folge von Kontakthemmung oder -scheu. Gegensatz: Extraversion

proximo-distal: körpernah-körperfern; hier: von der Körpermitte ausgehendes Seitenwachstum

rezessiv: überdeckbar, nicht in Erscheinung tretend

Zygote: befruchtete Eizelle

Tafeln zur Metamorphischen Methode
und den Universellen Prinzipien

Die Metamorphische Methode ist aus den Grundkenntnissen der Fußreflexzonen-Massage entstanden. Durch Berührung des Reflexbereiches der Wirbelsäule an Füßen, Händen und Kopf kann man auf vorgeburtliche Prägungen Einfluß nehmen. Übersichtlich sind auf dieser Tafel anhand von Grafiken die Entsprechungen der einzelnen Fußabschnitte und der Wirbelsäule zur Entwicklungszeit im Mutterleib – auch in Bezug auf die Entwicklung von Körper, Verstand, Gefühl und Verhalten – dargestellt.

Ein weiterer Abschnitt der Schautafel veranschaulicht die gleichen Entsprechungen auf der Ebene der Universellen Prinzipien.

Eine empfehlenswerte Arbeitshilfe für die praktische Anwendung dieser Methoden.

Poster im Format 70x50 cm, gefaltet im Umschlag
ISBN 3-89453-035-9

Tafeln zur Druckmassage von Hand, Fuß und Kopf

Die Hände und Füße und der Kopf sind die »äußeren Endpunkte« des Körpers. Von diesen Punkten aus kann man mit allen lebenswichtigen Organen, Drüsen und Nerven Verbindung aufnehmen und die Lebensenergie befreien und harmonisieren. Die Abbildungen auf diesem Poster stellen die Zonen und Druckpunkte von Hand, Fuß und Kopf dar, durch deren Massage sich viele körperliche Störungen beheben lassen. Eine nützliche Orientierungshilfe für alle, die mit Methoden der Reflexzonentherapie arbeiten.

Poster im Format 70x50 cm, gefaltet im Umschlag
ISBN 3-89453-084-7

Tafeln zur Ji-Jiu Druckpunktmassage

Dieses Poster ist eine Akupressur-Landkarte vom menschlichen Körper. Ein hilfreicher und wertvoller Wegweiser zu Akupressurpunkten und Massagezonen.

Die Tafel, mit übersichtlichen Abbildungen der 116 Ji-Jiu-Druckpunkte, läßt sich unkompliziert verwenden. Eine Grundanleitung zur Akupressur sowie drei Tabellen zur Zuordnung von Symptomen zu entsprechenden Punkten ermöglichen die direkte Benutzung.

Poster im Format 70x50 cm, gefaltet im Umschlag
ISBN 3-89453-059-6

Gaston Saint-Pierre und B. D'Arcy Thompson
Die Kernprinzipien der Metamorphischen Methode
In diesem kleinen Band sind die Grundprinzipien der Metamorphischen Methode zusammengefaßt, so daß der interessierte Leser sich in Kürze über die Grundlagen dieser Methode informieren kann. In den zwei anschließenden Kapiteln beschreibt Gaston Saint-Pierre beeindruckende Erfahrungen seiner Arbeit anhand seiner eigenen Lebensgeschichte.
Erweiterte und verbesserte Neuauflage, Paperback, 72 Seiten
ISBN 3-89060-430-7

Michael Blate
Das Akupressur Handbuch
Zur Soforthilfe für den Alltag

Wie von der Akupunktur bekannt, arbeitet die chinesische Medizin mit den Energiebahnen des Körpers. Auch die einfacher anzuwendende Akupressur arbeitet mit diesen Bahnen und bestimmten Punkten, die über Energielinien mit entsprechenden Organen und Drüsen in Verbindung stehen. Die Stimulierung dieser Punkte durch Druck verbessert schnell und merklich die Funktion dieser Organe oder Drüsen.

Das Akupressur-Handbuch ist ein äußerst wertvolles Hilfsmittel zur Ersten Hilfe bei Krankheiten und Beschwerden. Nach einer kurzen, aber fundierten Einführung finden wir im ersten Teil in alphabetischer Reihenfolge viele Krankheiten und Beschwerden und dazu die Druckpunkte, deren Stimulierung Linderung bringt. Diese Punkte sind durchnumeriert, und so ist es ganz einfach, im zweiten Teil nachzuschlagen, in dem die Lage der Punkte auf Zeichnungen und in Beschreibungen so dargestellt ist, daß sie leicht zu finden sind. Hier sind auch die entsprechenden Indikationen noch einmal aufgeführt.

Für alle, die sich und anderen schnell Linderung verschaffen wollen, ist dies eine Haus- und Reiseapotheke, die Medikamente und weitere Hilfsmittel überflüssig macht. Ein Klassiker, nunmehr in der 3. Auflage!
Paperback, 228 Seiten, 14 x 21 cm
ISBN 3-89060-421-8

J. R. Worsley
Was ist Akupunktur?

Professor Worsley, weltweit einer der besten seines Faches, gibt in diesem schon legendären Vortrag von 1980 in New York eine hervorragende Einführung der TCM (Traditionelle Chinesische Medizin).

Eine wunderbare, mit Esprit und Humor dargestellte Einführung in den Geist der chinesischen Akupunktur, in der deutlich wird, wie wichtig es für die Menschheit ist, sich wieder auf die Naturgesetze einzustimmen. Diese gelten heute – auch für Menschen im Westen – genauso unveränderlich wie für die alten Chinesen und sind Grundlage für die Gesundheit von Körper, Geist und Seele.

»Wer dieses aus dreißigjährigem Erfahrungswissen heraus geschriebene Buch liest, weiß in kurzer Zeit mehr über sich und die in seinem Körper wirkenden Naturgesetze – Seele, Geist mit einbezogen – als er jemals ahnen könnte.« (Esotera)
Paperback, 128 Seiten
ISBN 3-89060-429-3

J. R. Worsley
Akupunktur – Heilung für dich

Akupunktur ist eine der ältesten Heilweisen, die der Menschheit bekannt sind. Sie wurde vor ca. 5000 Jahren in China begründet, doch die Weisheit, die ihr zugrundeliegt, ist heute ebenso lebendig und wichtig, wie sie es seit jeher war. Die Tatsache, daß Akupunktur bis heute in zunehmendem Maße auch in der westlichen Welt angewandt wird, spricht für ihre Wirksamkeit.

Neben der Frage »Wie wird Akupunktur am besten angewandt?« setzt Professor Worsley sich in diesem Buch intensiv mit dem Thema auseinander, was es heißt, Akupunkteur zu sein, wobei er hohe Anforderungen an Ausbildung, die Grundhaltung und langjährige Praxis des Behandelnden stellt. Außerdem beantwortet er alle Fragen über diese chinesische Heilweise, die häufig gestellt werden.
Paperback, 128 Seiten
ISBN 3-89453-077-4

Tafeln zur Akupunktur & Akupressur

Akupunktur und Akupressur sind die ältesten Heilweisen, die der Menschheit bekannt sind. Beide Methoden haben das Ziel, Energieblockaden zu lösen und den Fluß der Lebensenergie zu harmonisieren.

Auf zwei Postern sind die vierzehn Meridiane mit allen Akupunkten dargestellt.

Ein Beiheft gibt Auskunft über Wissenswertes von Akupunktur und Akupressur und beschreibt den Verlauf der Meridiane und die Lage der Punkte.

Die Poster sind ein unentbehrliches Hilfsmittel für die Arbeit mit Akupunktur, Akupressur, Do-In, Shiatsu, Touch-for-Health, Kinesiologie und allen anderen Heilmethoden, die auf der Bewegung der Lebensenergie im Körper und deren Beeinflussung beruhen.
2 Poster im Format 70x50 cm, in einer Mappe, mit 16-seitigem Beiheft
ISBN 3-89453-082-0

Friedrich Butzbach
Neue Quellen der Heilung

Dieses Buch ist ein wichtiger Beitrag zur Fortentwicklung der energetischen Medizin. Friedrich Butzbach entdeckte bisher vollkommen unbekannte Reflexpunkte, vor allem am großen Zeh, die eine viel durchschlagendere und dauerhaftere Wirkung bei der Heilung vieler Krankheiten zeigten als die bisher bekannten. Eine gut verständliche und durch viele Fallbeispiele untermauerte völlig neuartige Reflexzonentherapie.
Paperback, 128 Seiten, 13x20,5 cm
ISBN 3-89060-451-X

Ursula Mattheus
Engelspiel
Engel sind Wesen des Lichtes und Teil des göttlichen Bewußtseins. Es gibt viele, die uns ihre Hilfe anbieten, wenn wir bewußt mit ihnen in Verbindung treten und erfahren, wie heilend und belebend sie sind. So gibt es den Engel der Erkenntnis, der Freude und der Liebe ebenso, wie den des Annehmens, der Dankbarkeit oder des Loslassens.Erwachsene und Kinder können dieses zauberhafte Kartenspiel auf vielerlei Weise benutzen; zur Meditation, als Orakel, als begleitenden Impuls für den Tag oder als Spiel für mehrere Personen in Gruppen und in der Familie.
55 Karten 6 x 9 cm in einer Faltschachtel
ISBN 3-89060-425-0

Hellena-Maria Gabriel
Heilen mit Engeln
Mit diesen 55 Engelkarten finden Sie Zugang zu Ihren inneren Heilungskräften.
   Die Impulse der Engel wirken inspirierend und schöpferisch und führen Sie und andere liebevoll auf den Weg der Heilung.
55 Karten 6 x 9 cm in einer Faltschachtel
ISBN 3-89060-426-9

Hellena-Maria Gabriel
Entscheiden mit Engeln
Öffnen wir uns den Engeln als Wesen, die uns begleiten und unterstützen, werden wir bemerken, daß sie uns sehr konkrete Hinweise und Hilfe geben.
   In den Engelentscheidungskarten begegnen uns diese lichtvollen Begleiter mit direkten Anweisungen zu unseren Fragen. Es unterstützen uns die Engel Verwirklichen, Genießen oder Mut beweisen, oder die Engel Loslassen und Verzichten raten uns vielleicht von einem Vorhaben ab.
55 Karten 6 x 9 cm in einer Faltschachtel
ISBN 3-89060-427-7

Hellena-Maria Gabriel
Engel für Liebe und Partnerschaft
Diese 55 Engelkarten sind ein Weg, spirituelle Impulse in Partnerschaft und Liebe einzubringen. Sie geben Klarheit, führen zu Austausch und schaffen Harmonie. Die Karten verbinden Sie mit der Kraft der Engel, so daß Liebe gelingt und neue Lebendigkeit entsteht.
55 Karten 6 x 9 cm in einer Faltschachtel
ISBN 3-89060-422-6

Falls der Coupon bereits verwendet wurde, richten Sie Ihre Informations-anfrage bitte an:

Ryvellus bei Neue Erde, Cecilien-straße 29 D-66111 Saarbrücken Fax: 06 81 3 90 41 02 www. neueerde.de

Informationsanfrage

Bitte informieren Sie mich über:

❐ Neuerscheinungen
❐ Gesamtprogramm
❐ T'ai Chi
❐ Metamorphische Methode
❐ Akupunktur, Akupressur
❐ Vierter Weg
❐ Personal Totempole Process
❐ Whole Self-Methode
❐ Tiefenökologie
❐ Steinheilkunde

❐ Seminare/Ausbildungen
zu den oben angekreuzten Themen

Bitte in BLOCKSCHRIFT ausfüllen:

_____
Name

_____
Vorname

_____
Straße

_____
PLZ

_____
Ort

_____
Land

_____
Tätigkeit

Den Coupon entnahm ich dem Buch:

_____

Mein Kommentar:

_____

_____

_____

_____

_____

_____

☞ *Für Fensterbriefumschlag geeignet*

Ryvellus bei Neue Erde
Cecilienstr. 29
D-66111 Saarbrücken